国家自然科学基金项目(41867066;41907129)
云南省自然科学基金项目(2019FB032)
云南省高端外国专家项目(YNQR-GDWG-2018-017)

重金属污染土壤修复与生态农业绿色发展研究

刘雪 著

吉林科学技术出版社

图书在版编目(CIP)数据

重金属污染土壤修复与生态农业绿色发展研究 / 刘
雪著. －长春：吉林科学技术出版社，2022.9
ISBN 978-7-5578-9734-5

Ⅰ. ①重… Ⅱ. ①刘… Ⅲ. ①土壤污染－重金属污染
－修复－研究 ②生态农业－农业技术－无污染技术－研究
Ⅳ. ①X53 ②S-0

中国版本图书馆 CIP 数据核字(2022)第 178119 号

重金属污染土壤修复与生态农业绿色发展研究

著	刘　雪
出 版 人	宛　霞
责任编辑	刘　畅
封面设计	李若冰
制　　版	北京星月纬图文化传播有限责任公司
幅面尺寸	170mm×240mm
字　　数	209 千字
印　　张	12.5
印　　数	1–1500 册
版　　次	2022年9月第1版
印　　次	2023年4月第1次印刷

出　　版	吉林科学技术出版社
发　　行	吉林科学技术出版社
地　　址	长春市南关区福祉大路5788号出版大厦A座
邮　　编	130118
发行部电话/传真	0431-81629529　81629530　81629531
	81629532　81629533　81629534
储运部电话	0431-86059116
编辑部电话	0431-81629510
印　　刷	三河市嵩川印刷有限公司

书　　号	ISBN 978-7-5578-9734-5
定　　价	90.00 元

作者简介

刘雪，女，山东青岛人，毕业于南京大学环境科学与工程专业，博士研究生学历。现就职于西南林业大学，副研究员，硕士生导师，云南省高层次引进青年人才，西南林业大学高层次引进人才。云南省"山地农村生态环境演变与污染治理重点实验室"、云南省"土壤重金属污染修复与绿色种植安全"高层次创新创业团队、西南林业大学环境修复与健康研究院、西南林业大学土壤污染与修复研究中心核心成员。主要研究方向为重金属污染土壤修复与安全利用、食品安全与风险阻控、重金属高背景土壤环境风险与修复标准、湿地重金属与营养盐循环。主持国家自然科学基金地区项目、青年项目、国家重点研发计划项目子课题、云南省高端外国专家项目、云南省基础研究计划面上项目、云南省教育厅项目等 10 余项；发表 SCI 一区/二区论文 30 余篇；国际环境领域一区 TOP 期刊 *Critical Review in Environmental Science & Technology*（$IF_{2021} = 12.6$）青年编委。

前　　言

随着城市化和工业化的发展,工厂废水、废气、废渣的大量排放和农药的大量施用致使土壤中重金属含量迅速增加,土壤理化性质和生物性质的恶化影响了植物的正常生长发育,且重金属通过食物链传递富集,危害人类健康。在一些工业发达国家,汞、镉、铅和砷等重金属以及有机氯、有机磷等制剂所造成的土壤污染已引起广泛关注。在绿色发展理念的倡导下,土壤环境保护与污染防治修复的重要性已引起广泛重视。当今时代,生态农业作为一种按照生态学原理和生态经济规律建设起来的、既促进生态保护又依赖良好生态环境支撑的、可持续发展的农业生产经营体系,已成为世界农业发展的强劲潮流,它不仅是实现农业可持续发展的必由之路,更是农业经济体系转型的必然选择。

基于此,本书以"重金属污染土壤修复与生态农业绿色发展研究"为选题,对重金属污染土壤修复与生态农业绿色发展相关研究进行深入的理论分析和科学论证。全书在内容编排上共设置六章:第一章对土壤重金属元素及其分布迁移进行简要论述,主要涉及土壤中常见的重金属元素、土壤中重金属的污染来源与危害、重金属在土壤中的分布和运移;第二、三章分别探讨重金属污染土壤的物理修复技术、化学修复技术及生物修复技术,内容涵盖重金属污染土壤的物理、化学、植物和微生物修复技术及重金属污染土壤中物生质炭的应用;第四章分析生态农业及其绿色发展的基础条件,主要包括生态农业的内涵与特征、生态系统与生态农业的基本原理、生态农业的技术类型与模式分析、生态农业绿色发展的基础与条件;第五章基于生态农业绿色发展相关理论,研究绿色生态产业的标准化建设、生态农业生产基地建设与供给侧改革、生态农业产品与供给侧改革;第六章探索农业经营主体培育及其绿色生态发展,内容涉及新型农业经营主体的培育创新与制度创新、农业经营主体培育与绿色知识经济的发展、绿色生态农业发展的时代意蕴与实现方略。

本书内容可为重金属污染土壤修复与安全利用工作提供重要的理论依

据和技术参考,本书可供从事土壤污染控制及修复的工程技术人员、科研人员和管理人员参阅,也可供高等院校环境科学与工程、土壤学及相关专业师生使用。

目　　录

第一章　土壤重金属元素及其分布迁移

第一节　土壤中常见的重金属元素

一、汞 Hg（Mercury）

汞的原子序数 80，原子量为 200.59。汞是在常温常压下唯一以液态存在的金属，沸点为 356.6℃，熔点为 −38.87℃，密度为 13.59g/cm^3。汞的内聚力很强，在空气中稳定，常温下蒸发出汞蒸气，汞蒸气有剧毒。天然汞是汞的七种同位素的混合物。汞微溶于水，有空气存在时溶解度增大。汞在自然界中普遍存在，一般动植物中都含有微量的汞，因此一般食物中都有微量的汞存在，可以通过排泄、毛发等代谢。

汞不与大多数的酸反应，如稀硫酸。但是氧化性酸，如浓硫酸、浓硝酸和王水可以溶解汞并形成硫酸盐、硝酸盐和氯化物。[①] 与银类似，汞也可以与空气中的硫化氢反应。汞还可以与粉末状的硫反应，这一点被用于处理汞泄漏以后吸收汞蒸气的工具里（也可用活性炭和锌粉）。汞具有恒定的体积膨胀系数，其金属活跃性低于锌和镉，且不能从酸溶液中置换出氢。一般汞化合物的化合价是 +1 或 +2，+4 价的汞化合物只有四氟化汞。汞的用途较广，常用于制造科学测量仪器（如福廷气压计、温度计等）、药物、催化剂、汞蒸气灯、电极、雷汞等。汞容易与大部分普通金属（包括金和银，但不包括铁）形成合金，这些合金统称汞合金，冶金工业常用汞齐法（汞能溶解其他金属形成汞齐）提取金、银等金属。在中医

---

① Effect and Correction of Iron in Soil on Accuracy of Chromium Determination by Portable X-ray Fluorescence Spectrometry [J]. Rock & Mineral Analysis，2020，Vol. 39（No. 3）：467−474.

学上，汞用作制备治疗恶疮、疥癣药物的原料。汞可用作精密铸造的铸模和原子反应堆的冷却剂以及镉基轴承合金的组元等。由于其密度非常大，物理学家托里拆利利用汞第一个测出了大气压的准确数值。此外，汞还可以用于制造液体镜面望远镜，利用旋转使液体形成抛物面形状，以此作为主镜进行天文观测的望远镜。

二、镉 Cd（Cadmium）

镉的原子序数 48，原子量为 112.41。镉是银白色有光泽的金属，熔点为 320.9℃，沸点为 765℃，密度为 8.65g/cm³，莫氏硬度为 2.0。镉有韧性和延展性，在潮湿空气中缓慢氧化并失去金属光泽，加热时表面形成棕色的氧化物层。高温下镉与卤素反应激烈形成卤化镉，也可与硫直接化合生成硫化镉。镉可溶于酸，但不溶于碱。镉的氧化态为 +1、+2。氧化镉和氢氧化镉的溶解度小，溶于酸，但不溶于碱。镉可形成多种配离子，如 Cd（NH₃）、CdCl₂ 等。镉的毒性较大，日本因镉中毒曾出现"痛痛病"。[①] 镉作为合金组土元可配成合金，如含镉 0.5%～1.0% 的硬铜合金，有较高的抗拉强度和耐磨性。镉（98.65%）－镍（1.35%）合金是飞机发动机的轴承材料。较多低熔点合金中含有镉，著名的伍德易熔合金中镉含量达 12.5%。镉主要用于钢、铁、铜、黄铜和其他金属的电镀，对碱性物质的防腐蚀能力较强。镉可用于制造体积小和电容量大的电池。镉的化合物大量用于生产颜料和荧光粉。硫化镉、砷化镉、碲化镉用于制造光电池。镉具有较大的热中子俘获截面，因此银（80%）－铟（15%）－镉（5%）合金可作原子反应堆的中子吸收控制棒。镉还用于制造电工合金，如电器开关中的电触头多采用银氧化镉材料，具有导电性能好、燃弧小、抗熔焊性能好等优点，广泛用于家用电器开关、汽车继电器等。

三、砷 As（Arsenic）

砷的原子序数为 33，原子量为 74.92。砷有黄、灰、黑褐三种同素

① 刘祖文，杨士，蔺亚青. 离子型稀土矿区土壤重金属铅污染特性及修复[M]. 北京：冶金工业出版社，2020.

异形体，其中灰色晶体是最常见的单质形态，熔点为 817℃（28 大气压，即 $2.828 \times 10^6 Pa$），加热到 613℃，便可不经液态，直接升华成为蒸气，砷蒸气具有大蒜臭味。砷脆而硬，具有金属光泽（故砷单质也称为金属砷），易导热导电，易被破碎成粉末，易被细胞吸收产生毒性效应。砷可分为有机砷及无机砷，有机砷及无机砷中又可分别分为三价砷（As_2O_3）及五价砷（$NaAsO_3$），砷的价数可在生物体内互相转变。砷与汞类似，被吸收后容易跟硫化氢根（sulfhydryl）或双硫根（disulfide）结合而影响细胞呼吸及酶素作用，甚至使染色体发生断裂。砷单质活泼，在空气中加热至约 200℃时发出光亮，400℃时燃烧产生蓝色火焰，并形成三氧化二砷白烟。金属砷易与氟和氧化合，在加热情况下亦与大多数金属和非金属发生反应。它能溶于硝酸和王水，也能溶解于强碱，生成砷酸盐。工业用途中砷化合物具有极强的毒性，常用作除草剂、杀鼠药等的添加剂。砷可作为电的导体使用在半导体上。砷的化合物通称为砷化物，常运用于涂料、壁纸和陶器制作。[1] 砷作合金添加剂可生产铅制弹丸、印刷合金、黄铜（冷凝器用）、蓄电池栅板、耐磨合金、高强结构钢及耐蚀钢等，黄铜中含有微量砷可防止脱锌。高纯砷是制取化合物半导体砷化镍、砷化镓等的原料，也是半导体材料锗和硅的掺杂元素，这些材料广泛用作二极管、发光二极管、红外转发射器、激光器等。砷的化合物还用于制造农药、防腐剂、染料和医药等。昂贵的白铜合金就是用铜与砷合炼的。砷可用于制造硬质合金；黄铜中含有微量砷时可以防止脱锌；砷的化合物可用于杀虫及医疗。砷可用于行波管、微波设备和航空、航天用仪表等。砷在石油化工方面可用作催化剂。医药方面，砷自古以来就常为人类所使用，如砒霜即是经常使用的毒药；砷也曾被用于治疗梅毒。

四、铬 Cr（Chromium）

铬的原子序数为 24，原子量为 51.996。铬是银白色有光泽的金属，固态密度为 $7.19g/cm^3$，液态密度为 $6.9g/cm^3$，熔点为 1857.0℃，莫氏

---

[1]　卢楠，唐宏军. Bibliometric Analysis of the Research Status and Hot Spots of Soil Heavy Metal Pollution Remediation Technology［J］. Sustainable Development，2020，Vol. 10（No. 4）：602－609.

硬度为 9。纯铬有延展性，含杂质的铬硬而脆。铬能慢慢溶于稀盐酸、稀硫酸生成蓝色溶液；与空气接触则会被空气中的氧气氧化成绿色的 Cr_2O_3。铬与浓硫酸反应生成二氧化硫和硫酸铬。铬不溶于浓硝酸，因为表面生成紧密的氧化物薄膜而呈钝态。高温下，铬能与卤素、硫、氮、碳等直接化合。由于铬合金性脆，作为金属材料使用还在研究中，铬主要以铁合金（如铬铁）形式用于生产不锈钢及各种合金钢。金属铬用作铝合金、钴合金、钛合金及高温合金、电阻发热合金等的添加剂。氧化铬用作耐光、耐热的涂料，也可用作磨料，玻璃、陶瓷的着色剂，化学合成的催化剂。铬钒、重铬酸盐用作皮革的鞣料，织物染色的媒染剂、浸渍剂及各种颜料。镀铬和渗铬可使钢铁和铜、铝等金属形成抗腐蚀的表层，并且光亮美观，大量用于家具、汽车、建筑等工业。此外，铬矿石还大量用于制作耐火材料。[①] 铬的毒性与其存在的价态有关，六价铬比三价铬毒性高 100 倍，并易被人体吸收且在体内蓄积，三价铬和六价铬可相互转化。天然水不含铬；海水中铬的平均浓度为 $0.05\mu g/L$。铬的污染源主要包括含铬矿石的加工、金属表面处理、皮革鞣制、印染等排放的污水。铬是人体必需的微量元素，三价铬是人体有益元素，而六价铬有剧毒。人体对无机铬的吸收利用率较低，不到 1%；人体对有机铬的利用率可达 10% ～ 25%。铬在天然食品中的含量较低，主要以三价形式存在。[②]

五、铅 Pb（Lead）

铅的原子序数为 82，原子量为 207.2。铅是带蓝色的银白色重金属，熔点为 327.5℃，沸点为 1740℃，密度为 $11.3g/cm^3$，比热容为 0.13kJ/（kg·K），莫氏硬度为 1.5。铅质地柔软，抗张强度小，可用于建筑、铅酸蓄电池、弹头、炮弹、焊接物料、钓鱼用具、渔业用具、防辐射物料、奖杯和部分合金。铅合金可用于铸铅字，做焊锡；铅还用来制造放射性辐射、X 射线的防护设备；铅及其化合物对人体有较大毒性，并可在人体内

---

① 蒋建国，高语晨. 钒及伴生重金属污染土壤修复技术［M］. 中国环境出版集团，2019.

② 邓富玲，徐艳. Discussion on Microbial Remediation Technology of Heavy Metal Pollution in Soil ［J］. Hans Journal of Soil Science，2020，Vol. 8（No. 2）：112－117.

富集，尤其破坏儿童的神经系统，可导致血液病和脑病。长期接触铅和铅盐（尤其是可溶性和强氧化性的 PbO_2）可导致肾病和类似绞痛的腹痛。此外，人体积蓄铅后很难自行排出，需通过药物来清除。

土壤中重金属来源广泛，首先是成土母质本身含有重金属，不同母质、成土过程所形成的土壤重金属含量差异较大；其次人类工农业生产活动产生大量重金属，引起大气、水体和土壤污染，其中土壤是主要归宿。[①]

第二节　土壤中重金属的污染来源与危害

一、土壤中重金属的污染来源

(一) 重金属的一般来源

1. 大气沉降

大气中的重金属主要来源于工业生产、汽车尾气排放及汽车轮胎磨损产生的大量含重金属的有害气体和粉尘等，主要分布在工矿和公路、铁路周边。大气中多数重金属可经自然沉降和雨淋沉降进入土壤。此外，大气汞的干湿沉降也可以引起土壤中汞的含量升高。大气汞通过干湿沉降进入土壤后，被土壤中黏土矿物和有机物吸附或固定，富集于土壤表层，或被植物吸收而转入土壤，造成土壤汞的浓度升高。

2. 农用化学物质的使用

施用含有铅、汞、镉、砷等的农药和不合理地施用化肥，都会导致土壤中重金属的污染。一般过磷酸盐中含有较多的重金属汞、镉、砷、锌、铅，磷肥次之，氮肥和钾肥含量较低，但氮肥中铅含量较高，其中砷和镉

---

① 盛姣，耿春香，刘义国. 土壤生态环境分析与农业种植研究 [M]. 西安：世界图书出版西安有限公司，2018.

污染严重。[①] 经过对上海地区菜园土地、粮棉地的研究，施肥后，镉的含量从 0.134mg/kg 升到 0.316mg/kg，汞的含量从 0.22mg/kg 升到 0.39mg/kg，铜、锌的含量增长 2/3。通过新西兰 50 年前和现今同一地点 58 个土样分析，自施用磷肥后，镉的含量从 0.39mg/kg 升至 0.85mg/kg。在阿根廷由于传统无机磷肥的施入，进而导致土壤重金属镉、铬、铜、锌、镍、铅的污染。农用塑料薄膜生产应用的热稳定剂中含有镉、铅，在大量使用塑料大棚和地膜过程中都可以造成土壤重金属的污染。[②]

3. 污水灌溉

污水灌溉一般指使用经过一定处理的城市污水灌溉农田、森林和草地，城市污水包括生活污水、商业污水和工业废水。城市工业化的迅速发展致使大量工业废水涌入河道，城市污水中含有的重金属离子随污水灌溉进入土壤。在分布上，通常靠近污染源头和城市工业区的土壤污染较严重。

4. 污泥农用

污泥中含有大量的有机质和氮、磷、钾等营养元素，但同时污泥中也含有大量的重金属，随着大量的市政污泥进入农田，使农田中重金属的含量在不断增高。污泥施肥可导致土壤中镉、汞、铬、铜、锌、镍、铅含量的增加，且污泥施用越多，污染就越严重，镉、铜、锌引起水稻、蔬菜的污染；镉、汞可引起小麦、玉米的污染；污泥增加，青菜中的镉、铜、锌、镍、铅也增加。用城市污水、污泥改良土壤，重金属汞、镉、铅等的含量也明显增加。

5. 含重金属固体废弃物堆积

含重金属固体废弃物种类繁多，不同种类的废弃物，其危害方式和污染程度都不一样。污染的范围一般以废弃堆为中心向四周扩散。通过对垃

---

① 唐婷，陶发清. Reform of Biochemistry Course Based on the Professional Accreditation of Teacher Education [J]. Advances in Social Sciences，2020，Vol. 9 (No. 3)：289-293.

② 乔冬梅，陆红飞，齐学斌. 重金属镉污染土壤植物修复技术研究 [M]. 北京：中国农业科学技术出版社，2020.

圾堆放场、某铬渣堆存区、城市生活垃圾场及车辆废弃场附近土壤中的重金属污染进行研究，发现这些区域的重金属镉、汞、铬、铜、锌、镍、铅、砷、锑、钴、锰的含量高于当地土壤背景值，重金属在土壤中的含量和形态分布特征受其垃圾中释放率的影响，且重金属的含量随距离的加大而降低。由于废弃物种类不同，因此各重金属污染的程度也不同，如铬渣堆存区的镉、汞、铅为重度污染，锌为中度污染，铬、铜为轻度污染。

6. 金属矿山酸性废水污染

金属矿山的开采、冶炼、重金属尾矿、冶炼废渣和矿渣堆放等，导致矿山酸性废水随矿山排水和降雨进入水环境（如河流等）或直接进入土壤，间接或直接造成土壤重金属污染。一般来说，工业化程度越高的地区，土壤污染越严重，市区高于远郊和农村；表层土壤污染程度重于中下层土壤，污染时间越长重金属累积越多，以大气干湿沉降为主要来源的土壤重金属污染具有叠加性。

(二) 常见五毒重金属元素的来源

1. 土壤中汞的污染来源

汞在自然界中以金属汞、无机汞和有机汞形态存在，有机汞（如甲基汞、乙基汞、苯基汞）的毒性远高于金属汞和无机汞。典型的汞公害病为日本的"水俣病"，即由化工厂在生产过程中使用无机汞作触媒而产生的甲基汞。地壳中汞主要以硫化物、游离态金属汞和类质同象形式存在于矿物中。典型的含汞矿物有辰砂（HgS）、硫汞锑矿（$HgS \cdot 2Sb_2S_3$），汞银矿（AgHg）、硒汞矿（SeHg）及黑黝铜矿等。

汞在地壳中的丰度很低，平均含量为 $7.0\mu g/kg$。我国东部地区从酸性、中性至基性岩浆岩，汞含量略有增高，平均为 $6.9\mu g/kg$。而变质岩与岩浆岩相近，汞的平均含量为 $8.6\mu g/kg$。沉积岩汞平均含量为 $23\mu g/kg$，明显高于岩浆岩和变质岩，并表现出硅质岩＞泥质岩＞碳酸盐岩＞碎屑岩的趋势。中国土壤中（A 层）汞的背景含量介于 $0.001\sim 45.9mg/kg$，其中值为 $0.038mg/kg$，均值为 $0.065\pm 0.08mg/kg$，95%的范围值为 $0.006\sim 0.272mg/kg$。中国土壤汞背景值区域分异趋势为：东南＞东北＞西部、西北部。土壤类型对汞的背景值亦有明显影响。水稻土及石灰（岩）土中汞背景值含量较高，前者主要是人为因素影响，而后者主要是成土母质与成土过程所致。

土壤的汞污染主要来自污染灌溉、燃煤、汞冶炼厂和汞制剂厂（仪表、电气、氯碱工业）的排放。如一个 700MW 的热电站每天可排放汞 215kg，全世界仅由燃煤而排放到大气中的汞，年均 3000t 左右。含汞颜料的应用、用汞作原料的工厂、含汞农药的施用等也是重要的汞污染源。95% 以上的汞进入土壤后迅速被土壤吸持或固定，因土壤黏土矿物和有机质的强烈吸附作用，故汞易在表层富集，并沿土壤的纵深垂直分布递减。土壤中汞的存在形态有金属汞、无机态与有机态，并在一定条件下相互转化。汞对土壤的污染有多种途径，目前由于含汞农药的逐步减少，矿业和工业过程所引起的污染已成主导地位；汞矿山开采、冶炼活动产生的"三废"亦使周围土壤受到污染。

2. 土壤中镉的污染来源

镉主要来源于镉矿、冶炼厂。因镉与锌同族，常与锌共生，故冶炼锌的排放物中常含有 ZnO、CdO，挥发性强，以污染源为中心可传播数千米。镉工业废水灌溉农田也是镉污染的重要来源。镉被土壤吸附，一般在 0～15cm 土壤层累积，15cm 以下含量显著减少。土壤中镉以 $CdCO_3$、$Cd_3(PO_4)_2$ 及 $Cd(OH)_2$ 形态存在，其中以 $CdCO_3$ 为主，尤其是在 pH >7 的石灰性土壤中，土壤中镉的形态可划分为可给态和代换态，它们易于迁移转化，且能被植物吸收，不溶态镉在土壤中累积，不易被植物吸收，但随环境条件改变，二者可互相转化。世界范围内未污染土壤 Cd 的平均含量为 0.5mg/kg，含量范围为 0.01～0.7mg/kg，我国土壤 Cd 的背景值为 0.06mg/kg。成土母质为污染土壤中 Cd 的主要天然来源，我国地域辽阔，土壤类型众多，致使土壤 Cd 的环境背景值因母质不同而异。一般而言，沉积岩 Cd 含量（均值 1.17mg/kg）高于变质岩（均值 0.42mg/kg）和岩浆岩（均值 0.14mg/kg），而磷灰石的 Cd 含量最高。磷灰石对 Cd 在食物链中的富集有重要意义，这与在磷肥生产中，沉积在磷灰石中的 Cd 混入磷肥中被施入土壤，并通过土壤-植物系统迁移传递至动物和人体内累积有关。全国土壤背景值调查结果显示，石灰土 Cd 背景值最高，达到 1.115mg/kg；其次是磷质石灰土，为 0.751mg/kg；南方砖红壤、赤红壤和风沙土 Cd 背景值较低，均在 0.06mg/kg 以下，可能与其淋溶作用比较强烈、母岩以花岗岩和红土为主有关。此外，人类生产活动，包括采矿、金属冶炼、电镀、污灌和磷肥施用等工农业活动，常导致土壤发生

Cd 污染。

3. 土壤中砷的污染来源

土壤砷污染主要来自大气降尘、尾矿与含砷农药,燃煤是大气中砷的主要来源。通常砷集中在表土层 10cm 左右,在某些情况下可淋洗至较深土层,如施磷肥可稍增加砷的移动性。土壤中砷的形态按植物吸收的难易划分,一般可分为水溶性砷、吸附性砷和难溶性砷,通常把水溶性砷、吸附性砷总称为可给性砷,是可被植物吸收利用的部分。土壤中砷大部分为胶体吸附或和有机物络合/螯合或与土壤中铁、铝、钙离子结合,形成难溶性化合物,或与铁、铝等氢氧化物发生共沉淀。pH 值和 Eh 值影响土壤对砷的吸附,pH 值升高,土壤砷吸附量减少而水溶性砷增加;土壤在氧化条件下,大部分是砷酸,砷酸易被胶体吸附,而增加土壤的含砷量;随 Eh 值降低,砷酸转化为亚砷酸,可促进砷的溶解。

砷及其化合物为剧毒污染物,可致畸、致癌、致突变。区域地质异常(岩层或母质中含砷矿物,如砷铁矿、雄黄、臭葱石)是土壤砷的主要天然来源,并决定不同母质发育土壤含砷量的差异。我国土壤砷元素背景值均值为 9.2mg/kg,表层(A 层)土壤砷含量为 0.01~626mg/kg,其中 95% 土样砷含量介于 2.5~33.5mg/kg。

中国土壤砷背景值的特征,一是呈地域性分异,我国各土纲土壤砷的背景含量顺序为:高山土>岩成土>饱和硅铝土>钙成土与石膏-盐成土>富铝土>不饱和硅铝土;全国土壤砷的背景值同时显现出地域性分异:青藏高原区>西南区>华北区≈蒙新区>华南区>东北区;东部冲积平原(黄河平原、长江平原、珠江平原)土壤中砷背景值呈南北向地域分布,而北部荒漠与草原地带土壤砷背景值从东到西呈明显递减趋势。二是母岩与气候组合类型是决定我国地带性土壤砷自然含量的因素,石英质岩石母质对土壤砷含量起着控制作用,碳酸盐类岩石对土壤中砷含量控制作用则不强,硅酸盐与铝硅酸盐岩石母质对土壤中含量的控制作用介于上述二者之间。

在环境中地球化学分异形成的自然背景值基础上,因人类工农业生产活动,砷被直接或间接排放到土壤环境中,增加土壤砷含量,甚至引起不可逆转的砷污染。污染土壤的砷的人为来源主要包括:①含砷矿物的开采与冶炼。矿物焙烧或冶炼中,挥发性砷可在空气中氧化为 As_2O_3,而凝结成固体颗粒沉积至土壤和水体中。②含砷原料的广泛应用。砷化物大量用于多种工业部门，如制革工业中作为脱毛剂、木材工业中作为防腐剂、冶金工业中作为添加剂、玻璃工业中用砷化物脱色等，这些工业企业在生产中排放大量砷进入土壤。③含砷农药和化肥的使用。含砷农药主要有砷酸钙、砷酸铅、甲基砷、亚砷酸钠、砷酸铜等。磷肥中砷含量一般在 20～50mg/kg，畜禽粪便一般在 4～120mg/kg，商品有机肥为 15～123mg/kg。长期施用含砷高的农药和化肥，会使土壤环境中砷不断累积，以致达到有害程度。④高温源（燃煤、植被燃烧、火山作用）释放。燃烧高砷煤导致空气污染，从而引起人体慢性中毒。[1]

4. 土壤中铬的污染来源

铬的污染源主要包括铬电镀、制革废水、铬渣等。铬在土壤中主要有 Cr^{6+} 和 Cr^{3+} 两种价态，土壤中主要以三价铬化合物存在。当铬进入土壤后，90%以上迅速被土壤吸附固定，在土壤中难以再迁移。Cr^{6+} 很稳定，毒性大，其毒害程度比 Cr^{3+} 大 100 倍；Cr^{3+} 主要存在于土壤与沉积物中。土壤胶体对 Cr^{3+} 具有强烈的吸附作用，并随 pH 值的升高而增强。土壤对 Cr^{6+} 的吸附固定能力较低，为 8.5%～36.2%。普通土壤中可溶性 Cr^{6+} 含量较低，这是因为进入土壤中的六价铬易被还原成三价铬，其中有机质发挥重要作用，并且这种还原作用随 pH 值的升高而降低。值得注意的是，在 pH＝6.5～8.5 条件下，土壤中三价铬能被氧化为六价铬。同时，土壤中存在氧化锰也能使三价铬氧化成六价铬，因此，三价铬转化成六价铬的潜在危害不容忽视。铬广泛存在于地壳中，自然界中铬的矿物主要以氧化物、氢氧化物、硫化物和硅酸盐形式存在。根据各组分含量不同可分为铬铁矿、镁铬铁矿、铝铬铁矿和硬尖晶石等。铬在不同矿物中的含量变化特征为：①同种矿物中铬含量随所在岩石的基性程度增高而提升，超基性岩＞基性岩＞中性岩＞酸性岩；②从岛状到链状、片状硅酸盐，矿物中铬含量呈增加趋势；③云母类矿物中铬的含量低于角闪石和辉石。

土壤中铬的背景含量与成土母岩和矿物密切相关。我国自然地理和气候条件复杂，土壤铬含量差异较大。我国土壤铬背景值的范围为 2.20～1209mg/kg，其中值为 57.3mg/kg，算术均值为 61.0±31.1mg/kg。我

---

① 王婷. 重金属污染土壤的修复途径探讨［M］. 北京：化学工业出版社，2017.

国土壤铬背景值呈现一定的分异规律：①铬含量依土纲顺序为岩成土纲＞高山土纲＞不饱和土纲＞富铝土纲，这与各土纲所处的气候条件、风化过程和强度等因素有关。例如，尽管石灰岩中铬含量偏低，但石灰岩矿物易在 CO_2 和水的作用下产生化学溶蚀作用，随碱土金属离子的淋失和氧化铁的相对富集，土壤中铬含量相对提高。而红壤、赤红壤区，铬随铝、硅等元素强烈淋失，其含量显著低于全国平均水平，如福建省土壤铬背景值仅为 44mg/kg。②土壤铬表现出对母岩的继承性，玄武岩土壤铬的含量明显高于石灰岩和花岗岩，海相沉积土铬含量高于风沙沉积土，如以蛇纹岩等超基性火成岩含铬较高，平均铬含量为 2000mg/kg，花岗岩铬含量范围为 2～60mg/kg。③平原区土壤中铬含量取决于平原物源的差异，还与中上游区土壤铬背景值相关。④我国土壤铬含量呈西南区＞青藏高原区＞华北区＞蒙新区＞东北区＞华南区的空间分布格局。

土壤中高浓度的铬通常来自人为污染，如镀铬、印染、制革化工等工业过程，污泥和制革废弃物利用等。六价铬废水主要来源为电镀厂、生产铬酸盐和三氧化铬的企业，而三价铬废水主要源于皮革厂、染料厂和制药厂。施肥及制革污泥农用亦使土壤出现明显铬累积，如在制革业较发达地区，废弃皮粉被再利用作为有机肥原料，以铬渣为原料制备的钙镁磷肥中检出总铬量高达 3000～8000mg/kg。一般而言，污灌区土壤铬的累积随着污灌年限的增长而增加，且主要累积在表层，呈沿土壤纵深垂直分布递减的趋势。

5. 土壤中铅的污染来源

土壤铅含量因土壤类型的不同而异。岩石矿物（如方铅矿 PbS）风化过程中，多数铅被保留在土壤中，未污染土壤的铅主要源于成土母质。主要岩类中，岩浆岩和变质岩的 Pb 含量范围为 10～20mg/kg，沉积岩中 Pb 含量较高，如磷灰岩铅含量可超过 100mg/kg，深海沉积物中 Pb 含量可达 100～200mg/kg。世界土壤平均 Pb 背景值为 15～25mg/kg，而中国土壤 Pb 背景值算术平均值为 26.0±12.4mg/kg，几何平均值为 23.6±1.54mg/kg。赤红壤和燥红土的铅含量较高，平均值均介于 40～43mg/kg。

人为铅污染源主要来自矿山、冶炼、蓄电池厂、电镀厂、合金厂、涂料等工厂排放的"三废"，汽车尾气及农业上施用含铅农药（如砷酸铅），其中采矿冶炼是极为重要的铅污染源。例如，我国湖南桃林铅锌矿区稻田中 Pb 含量高达 1601±106mg/kg。研究表明，公路两侧表层土壤中 Pb 含量的增高与汽车流量密切相关，且下风位置比上风位置累积量更高。

二、土壤重金属的污染危害

(一) 重金属对土壤肥力的影响

重金属在土壤中大量累积导致土壤性质发生变化，从而影响到土壤营养元素的供应和肥力特性。被称为植物生长发育必需三要素的氮、磷、钾——在土壤被重金属污染条件下，土壤有机氮的矿化、磷的吸附、钾的形态均受到一定程度影响，最终将影响土壤中氮、磷、钾素的保持与供应。[1]

重金属污染对氮素的影响，主要是它会影响到土壤矿化势和矿化速率常数，当土壤被重金属污染后，土壤氮素的矿化势明显降低，使土壤供氮能力下降。不同重金属元素对土壤矿化势的影响不同，对磷的影响主要是外源重金属进入土壤后，可导致土壤对磷的吸持固定作用增强，使土壤磷有效性降低。不同重金属对土壤磷吸附量的影响不同，一般多重金属元素复合污染条件下影响的强度大于单重金属。重金属污染还可影响土壤磷的形态，使土壤可溶性磷、铜结合态磷和闭蓄态磷的比例发生变化。重金属对土壤钾素的影响为：一方面重金属在土壤中的累积占据部分土壤胶体的吸附点位，从而影响钾在土壤中的吸附、解吸和形态分配；另一方面，由于重金属对微生物和植物的毒害作用，导致对钾的吸收能力减弱。在重金属污染条件下，土壤中水溶态钾明显上升，交换态钾则明显下降，导致土壤钾素的流失加剧。[2] 不同重金属对土壤钾形态的影响不同，重金属复合污染的影响大于单重金属元素。

(二) 重金属对农作物和植物的危害

重金属会影响植物的养分吸收和利用，引起养分缺乏，如缺铁的黄白

---

① 亓琳. 重金属污染土壤生物修复技术 [M]. 北京：中国水利水电出版社，2017.

② 马占强，李娟. 土壤重金属污染与植物微生物联合修复技术研究 [M]. 北京：中国水利水电出版社，2019.

化症状等；由于重金属在植物体内富集，扰乱体内代谢，因此会使细胞生长发育停止，造成生长发育障碍等；使根的伸长受阻，引起地上部出现褐斑等。重金属对植物的毒害作用因作物种类、环境条件而不同，但就其毒性的强弱，大致顺序为：砷＞铬＞镉＞铅＞汞。

进入土壤的重金属可溶解于土壤溶液中、吸附于胶体表面或闭蓄于土壤矿物内，也可与土壤中其他化合物产生沉淀，这些均会影响植物对它们的吸收与富集。重金属在土壤中的赋存形态是决定重金属植物有效性的基础，通常由固相形态转移到土壤溶液中，是提高某离子植物有效性的前提。但控制土壤固液相间平衡的因子十分复杂，且尚未完全明晰，研究表明，土壤 pH 值、温度、有机质含量、氧化还原电位、矿物成分、矿物类型及其他可溶性成分的含量等均会影响土壤重金属的固-液平衡和植物有效性。[①]

氧化还原电位（Eh 值）、pH 值是影响淹水土壤中重金属的活动性和植物有效性的重要因子，如水稻对 Cd 的吸收量随着氧化还原电位的增加和 pH 值的降低而增加。不同作物品种，如小麦和水稻对重金属抗性的差异亦与氧化还原电位有关。不同农业管理措施，如水肥管理亦可造成氧化还原电位和 pH 值的差异，从而影响植物对重金属毒害的抗性。例如，在淹水条件下，减产 25％时的土壤 Cd 浓度为 320mg/kg，而在非淹水条件下减产 25％时的 Cd 浓度仅为 17mg/kg。

土壤中重金属的活性与环境 pH 密切相关，对重金属阳离子来说，pH 值越低，溶解度越大，活性越高，植物吸收越多，这有可能归因于一些固相盐类溶解度的增加使得重金属的吸附减少，从而增加了土壤溶液中重金属的浓度。

土壤质地、阳离子交换量及共存离子的种类均影响重金属的生物有效性，一般而言，土壤质地越黏重，对重金属的持留能力越强，而砂质土壤中，重金属易被淋失。土壤中其他离子的存在，也影响植物对重金属的吸收。在石灰性土壤中，由于钙存在，植物体内高浓度的铅未出现明显的毒性效应，可能的原因是钙与铅竞争，使铅被吸收在植物体中酶结构的不起毒害的位点上。磷酸盐的存在也影响植物对铅的吸收，当玉米幼苗生长在有足够磷酸盐的含铅培养液中时，叶中铅的含量为 936mg/kg，而当培养

① 任欢鱼. 重金属污染土壤修复技术探讨［J］. 科学大众，2021（2）：213－214.

液中缺少磷酸盐时，则铅含量高达 6716mg/kg，表明磷酸盐降低了植物叶中铅的累积，这是由于根部的磷酸盐与铅的作用而延缓了铅向叶中的迁移。

Cd、Zn 共存对植物吸收 Cd 和 Zn 均有影响。野外条件下土壤和小麦含 Cd 量的调查结果表明，土壤中 Zn 和 Cd 含量变化影响着小麦对 Cd 的吸收。当 Zn/Cd 比增大时，小麦 Cd 吸收量随之降低，土壤 Zn/Cd 比与小麦 Cd 吸收量间呈负指数关系。在土壤 Cd 含量<2mg/kg 时，Zn 对 Cd 的影响在 Zn/Cd<1500 时较为显著，>1500 时其影响较小，说明重金属的毒性或植物有效性常与其他共存离子存在交互作用，该影响在交互作用的讨论中将进一步阐述。

（三）重金属对土壤微生物和酶的影响

1. 重金属对微生物的影响

土壤微生物是土壤生态系统中极其重要的生命组分，它在土壤生态系统物质循环与养分转化过程中发挥着重要作用。重金属污染对微生物群落结构、种群增长特征，以及生理生化和遗传等方面均可产生影响。土壤微生物包括细菌、真菌、放线菌等，以各种有机质为能源，进行分解、聚合、转化等复杂的生化反应，一般土壤肥力越高，有机质含量越多，微生物数量越多，活性也越强。大多数重金属在低浓度下，会对微生物的生长产生刺激作用，而在高浓度下则抑制微生物的生长，因而，不同浓度的重金属对土壤微生物数量增长的影响存在差异。不同类群微生物对重金属污染的敏感性也不同，其敏感性大小通常是放线菌>细菌>真菌。[①]

土壤微生物量是表征微生物总体数量的常用指标，是指土壤中体积小于 $5 \times 10^3 \mu m^3$ 的生物量（不包括植物根系等），是活的土壤有机质部分。通常先测得土壤微生物碳，然后根据微生物体干物质的含碳量（通常为47%）换算为微生物量，或直接用微生物碳来表示。在未污染的土壤中，土壤微生物量与土壤有机碳含量呈显著正相关关系，但若遭受重金属（如Zn、Cu 等）污染，则无显著相关性关系。遭受重金属污染的土壤，呼吸量会成倍增加，而土壤微生物量则显著下降，表明土壤微生物在对重金属

---

① 胡沛. 重金属污染土壤修复技术及修复的探讨 [J]. 善天下，2021 (16)：871-872.

的污染响应过程中会启动某种逆境防卫机制，因而增加了呼吸消耗。研究表明，当葡萄糖和玉米秸秆添加到重金属污染土壤后，CO_2 的释放速率为正常土壤的 1.5 倍，但土壤微生物碳和微生物氮都只有正常土壤的 60%。重金属污染降低了有机物质的微生物转化效率，说明微生物在逆境条件下维持其正常生命活动需要消耗更多的能量。同位素 ^{14}C 标记底物的试验结果表明，CO_2 释放总量/微生物碳和 $^{14}CO_2$ 释放量/^{14}C-微生物碳的比值在重金属污染土壤中均比正常土壤高，从而验证了重金属污染可降低土壤微生物对能源碳利用效率的推断。

重金属对土壤微生物的影响除了从数量上加以表征外，还常常从微生物的活性指标进行表征。研究土壤微生物对重金属污染响应的方式及其机理，对重金属污染土壤的生物评价和生物修复等方面具有指导意义。重金属进入土壤后的迁移转化均因微生物活性强度不同而变化，微生物的生态和生化活性也因土壤中重金属的毒害而受到影响。受到重金属污染的土壤往往富集多种耐重金属的真菌和细菌，一方面微生物可通过多种方式影响重金属的活动性，使重金属在其活动相和非活动相之间转化，从而影响重金属的生物有效性；另一方面微生物能吸附和转化重金属及其化合物，但当土壤中重金属的浓度增加到一定限度时，就会抑制微生物的生长代谢作用，甚至导致微生物死亡。长期定位试验表明，当土壤中某些重金属浓度达到一定值（如 Zn 114mg/kg、Cd 2.9mg/kg、Cu 33mg/kg、Ni 17mg/kg、Pb 40mg/kg、Cr 80mg/kg）时，可使蓝绿藻固氮活性降低 50%，其数量亦有明显的降低；重金属共生固氮作用的抑制，可导致豆科作物产量的降低。[①] 但共生固氮菌对重金属的反应不及蓝细菌敏感，土壤性质、气候及其他共存金属离子的浓度都会影响单一重金属的临界浓度，如 Mn^{2+} 在较高浓度时严重抑制微生物对铵（NH_4^+）的同化作用，而 Mg^{2+} 则能抵消 Mn^{2+} 对微生物氮代谢的影响。

研究表明，假单胞杆菌（*Pseudomomis*）能使 As（Ⅲ）、Fe（Ⅱ）、Mn（Ⅱ）等发生氧化，从而使其在土壤中的活性降低。微生物也能还原土壤中多种重金属元素，改变其活性，也可以通过对阴离子的氧化，释放与微生物结合的重金属离子。如氧化铁-硫杆菌（*Thiobacillus*）能氧化硫铁矿、硫锌矿中的负二价硫，使元素 Fe、Zn、Co、Au 等以离子的形式

---

① 刘鹏. 重金属污染土壤修复技术及其修复实践探究 [J]. 缔客世界，2021 (8)：218.

释放出来。微生物还可以通过氧化作用分解含砷矿物。高浓度的重金属对土壤微生物的生长与繁殖的抑制，主要是重金属对微生物的毒性使带巯基（—SH）的体内酶失活引起的，重金属还会损害微生物的三羧酸循环和呼吸链。

2. 重金属对土壤酶活性的影响

土壤酶与土壤微生物密切相关，土壤中许多酶由微生物分泌，并且和微生物一起参与土壤中物质和能量的循环。土壤中酶的种类很多，常见的有脲酶、磷酸酶、多酚氧化酶、水解酶和磷酸单酯酶等，土壤中酶的活性可作为判断土壤生化过程的强度及评价土壤肥力的指标，也有用土壤酶活性作为确定土壤中重金属和其他有毒元素最大允许浓度的重要判断依据，特别是近年来土壤酶活性作为衡量土壤质量变化的重要指标越来越受到重视。

循环有关的酶受到的胁迫较小，与土壤氮、磷、硫等循环有关的酶受重金属胁迫作用显著。在重金属复合污染的情况下（Zn、Cu、Ni、V、Cd 含量分别为 300mg/kg、100mg/kg、50mg/kg、50mg/kg、3mg/kg），芳基硫酸酯酶、碱性磷酸酶和脱氢酶分别只有对照的 56%~80%、46%~64% 和 54%~69%。Cu 对土壤 β-半乳糖苷酶和脱氢酶的 EC_{50} 值（指使生物数量或活性下降 50% 的污染物的浓度）分别为 78.4mg/kg 和 24.8mg/kg。

重金属对土壤酶的抑制有两方面的原因：首先是污染物进入土壤对酶产生直接作用，使得酶的活性基因和空间结构等受到破坏，单位土壤中酶的活性下降；其次是污染物通过抑制微生物的生长、繁殖，减少微生物体内酶的合成和分泌，最终使单位土壤中酶的活性降低。同一重金属元素对不同土壤酶的抑制作用不同，不同重金属对同一种土壤酶活性的影响也不同。然而，重金属对土壤酶活性的抑制作用是一种暂时现象。由于脲酶活性恢复得较少、较慢，所以脲酶活性有可能作为土壤重金属污染程度的一种生化指标。

污灌区土壤盆栽模拟试验表明，土壤脲酶活性随土壤汞污染浓度增加而降低，不同污染状况下土壤脲酶活性的差异达极显著水平。当土壤中汞投加累积量达 12mg/kg 时，土壤脲酶活性仅为对照的 34%，说明土壤脲酶对汞污染非常敏感。虽然土壤磷酸酶活性也随土壤汞污染浓度增加而降低，但活性下降的幅度较脲酶小。当土壤汞浓度为 12mg/kg 时，磷酸酶活性为对照的 77%。

（四）重金属对人体健康的危害

重金属污染土壤的最终后果是影响人畜健康，土壤重金属污染往往是逐渐累积的，具有隐蔽性，一旦发现污染危害时，往往已经达到相当严重的程度，治理很难。重金属对人类健康的危害，最突出的两个事例就是被列入八大公害的日本"水俣病"和日本"骨痛病"，前者是由于汞的污染造成的，后者则是由镉的污染引起的。

通常重金属污染越重的土壤，作物可食部分的重金属含量也越高，如果其通过食物链经消化道进入人体、人体暴露于重金属污染的扬尘环境、重金属经呼吸道进入人体等，则会对人体健康造成直接或间接的影响。对人体毒害最大的元素有 5 种，即铅、汞、铬、砷、镉。

第三节　重金属在土壤中的分布和运移

一、土壤重金属污染和运移特征

（一）土壤重金属的污染和分布特征

土壤环境中的重金属主要来源于矿山和工业生产排放的废渣、废水和废气，污水灌溉以及肥料和农药的施用等。重金属的土壤环境污染主要途径是采矿、冶炼、燃煤、电镀工业、电池工业、化工工业、肥料生产、废物焚化处理、尾矿堆放、垃圾堆的淋溶及城市污水污泥等。土壤中的重金属易于积累，形态多变。一旦土壤被污染，大多数的重金属只能从一种形态变迁成另一种形态，很难从土壤中彻底去除。

中华人民共和国生态环境部等部门所做的全国土壤污染状况调查显示，土壤重金属污染种类主要有镉、汞、砷、铜、铅、铬、锌、镍等。其中，全国土壤总的超标率为 16.1%；从不同土地利用类型土壤超标情况看，耕地土壤点位超标率为 19.4%。从全国土壤污染格局分布情况看，南方土壤污染重于北方；长江三角洲、珠江三角洲、东北老工业基地等部分区域土壤污染问题较为突出，西南、中南地区土壤重金属超标范围较大。从典型污染类型土壤污染状况看，主要涉及黑色金属、有色金属、皮革制品、造纸、石油煤炭、化工医药、化纤橡塑、矿物制品、金属制品、电力等行业。金属冶炼类工业园区及其周边土壤主要污染物为镉、铅、铜、砷和锌。

Cd 是主要的污染重金属元素之一，是微量重金属中毒性最大者，对人和动物是一种积累性剧毒元素。土壤环境污染的途径有三种：一是工业废气中的镉扩散沉降累积于土壤中；二是用含镉废水灌溉农田，使土壤受到严重污染；三是农田施用磷肥、污水污泥、农药和杀虫剂，长期累积污染。因此，模拟和预报重金属镉在土壤中的污染运移对于定量分析镉的运移转化规律具有重要意义。在自然界中很少有纯镉出现，它伴生于其他一些金属矿中，如锌矿、铅锌矿、铅铜锌矿等。镉在稳定的化合物中通常为＋2 价，其离子为无色。镉在环境中存在的形态很多，大致可分为水溶性镉、交换性镉、吸附性镉和难溶性镉。镉随着水分进入包气带，在土壤内迁移转化过程中，除机械过滤作用外，主要受溶解与沉淀、吸附与解吸以及络合与解离作用制约。①

Hg 是一种毒性比较大的有色金属，在自然界中以金属汞、无机汞和有机汞的形式存在。由于汞与有机质结合和络合能力较强，因此汞在矿区和冶炼厂周围的有机质含量高的土壤中富集能力也较强。

As 是变价元素，在土壤环境中主要以 As^{3+} 和 As^{5+} 两种价态存在，被世界卫生组织和美国环保署列为第一类致癌物。土壤中砷的主要来源是各种岩石矿物砷，受采矿或金属冶炼等影响的严重区域性土壤砷污染，会对当地的农业生产和人体健康造成重大危害。其受土壤和地表水污染的影响，农作物砷含量也严重超标。砷农药和有机肥（动物粪便）的使用及含砷添加剂的使用也是砷可能直接或间接大量进入土壤的途径之一，也可能是造成部分北方农业土壤中砷的含量有逐年升高趋势的原因。

Pb 是一种蓝色或银灰色的软金属，具有亲硫性和亲氧性，在自然界多以硫化物、硫酸盐、磷酸盐、砷酸盐及氧化物为主。工业城市附近土壤中铅污染时有发生，而一些冶炼厂和矿山附近土壤铅污染比较明显。由于

---

① 王乐杭，俞栋. 重金属污染土壤修复技术及其修复实践［J］. 资源节约与环保，2021（4）：46－47.

铅在土壤中迁移能力弱，因此大气沉降是土壤中外来铅的主要传输途径。其中，汽车尾气、工厂高浓度铅尘和含铅污水排放都是造成附近土壤污染的原因。污水灌溉是土壤铅污染的另一主要途径，长期的污水灌溉可以引起土壤铅含量比背景值高出几十倍到上百倍。

Cu 是生命所必需的微量元素，但过量的铜对动、植物都有害。铜的主要污染来源是铜锌矿的开采和冶炼、金属加工、机械制造、钢铁生产等。随着工农业生产的快速发展，含铜矿的开采和冶炼厂废弃物的排放、含铜农药和有机肥的使用，可使农田土壤含铜量达到原始土壤的几倍甚至几十倍。

Cr 是人体内必需的微量元素之一，它在维持人体健康方面起关键作用，是正常生长发育和调节血糖的重要元素。它会通过食物链在生物体内累积，体内铬含量过高会导致上呼吸道刺激反应，甚至会造成肝和肾等的衰竭及癌变。环境中的铬主要以 Cr（Ⅲ）和 Cr（Ⅵ）两种价态存在，与 Cr（Ⅲ）相比，Cr（Ⅵ）具有很强的杀伤力，即使低浓度也具有相当高的毒性，其毒性是 Cr（Ⅲ）的 500 倍。土壤铬污染主要来源于制革、电镀、冶金和印染等行业的废水排放，而且 Cr（Ⅵ）在土壤中容易迁移，对环境具有很大危害。因此，Cr（Ⅵ）的环境问题越来越引起人们的关注。

土壤中的重金属存在很多形态，重金属形态是指重金属元素在环境中以某种离子或分子存在的实际形式，因形态不同而表现出不同的毒性和环境行为，主要包括可交换态、碳酸盐结合态、铁锰氧化物结合态、有机结合态、残渣态。可交换态、碳酸盐结合态、氧化锰结合态稳定性差，容易被植物吸收利用，是其有效或较为有效的形态，它们的含量与植物吸收量呈显著正相关，而有机结合态和残渣态稳定性强，不易释放到环境中。

可交换态重金属主要通过扩散作用和外层络合作用非专性地吸附在土壤和沉积物表面上，它对土壤环境条件（溶液 pH 和盐成分以及盐浓度等）变化敏感，易于迁移转化，易于被植物根系吸收。它在总量中所占比例不大，但普遍认为可交换态对作物危害最大，在植物营养上具有重要意义。

碳酸盐结合态是指金属离子与碳酸盐沉淀结合，该形态对土壤环境条件，特别是 pH 最敏感。随着土壤 pH 的降低，离子态重金属可大幅度重新释放而被作物所吸收，可能造成对环境的二次污染。

铁锰氧化物结合态重金属是指被吸持在无定形氧化铁-锰上或与之形成共沉淀的金属，它是重金属与氧化物等联系在一起的被包裹或本身就成为氢氧化物沉淀的部分，这部分金属属于较强的离子键结合的化学形态，不易释放。但土壤环境条件变化时，也可使其中部分重新释放，对农作物存在潜在的危害。当水体中氧化还原电位降低或水体缺氧时，这种结合形态的重金属键被还原，可能造成对环境的二次污染。

有机结合态重金属是指被土壤中有机质络合或螯合的那部分金属，它以重金属离子为中心离子，以有机质活性基团为配位体发生螯合作用而形成螯合态盐类。该形态重金属较为稳定，一般不易被生物所吸收利用。但当土壤氧化电位发生变化，有机质发生氧化作用而分解时，可导致少量该形态重金属溶出，对作物产生危害。

残渣态是重金属最主要的结合形式，以其结晶矿物形式存在，其主要为硅酸盐矿物，结合在该部分中的重金属在环境中可以认为是惰性的。它们存在于原生和次生矿物晶格中，用一般的提取方法不能提取出来，它的活性最小，只能通过漫长的风化过程释放，而风化过程是以地质年代计算的，相对于生物周期来说，残渣态基本上不被生物利用，因而生物有效性也最小。

不同形态的重金属被释放的难易程度不同，环境效应和生物可利用性也不同。重金属的不同形态直接影响到重金属的毒性、迁移性以及在自然界的循环。可交换态的重金属在中性条件下最为活跃，最易被释放，也最容易发生反应转化为其他形态，容易为生物所利用；碳酸盐结合态重金属在酸性条件下能够发生移动，可能造成对环境的二次污染；结合可在还原条件下释放；有机物结合态释放过程非常缓慢；残渣态的重金属与沉积物结合最牢固，有效性也最小。[①]

（二）土壤重金属吸附和解吸

重金属、土壤固相和土壤溶液之间的相互作用一直是人们普遍关注的问题。20世纪70年代以来，人们开始广泛关注并日益深入重金属对生物的危害机制、重金属对食用作物生长的毒性和重金属致害或致死极限浓度的研究。当土壤重金属污染日益严重后，学者们开始从机制和微观的角度

---

① 王兴福. 重金属污染土壤修复技术及其修复实践探讨 [J]. 农家科技（上旬刊），2021（7）：259.

研究重金属在土壤溶液和土壤中的分布规律、存在形式和吸附、解吸、迁移、积累特征。土壤中有大量无机化合物和有机物及络合物，吸附是最普遍和主要的重金属在土壤中的保持机制。物质在吸附过程中，发生电子转移、原子重排、化学键破坏或形成的是化学吸附；不发生电子转移、原子重排、化学键破坏或形成的是物理吸附。在实际吸附过程中，化学吸附与物理吸附往往同时发生，很难区分开。

吸附过程包括物理吸附、化学吸附、吸收和离子交换。它参与了溶质在土壤中的运移过程，对重金属运移有重要的影响，表现在对重金属运移起着阻滞的作用。大量的试验和理论证明，重金属的吸附和解吸主要与重金属在固、液相中的浓度有关。重金属在固、液相中浓度关系的数学表示式称为吸附模式，其相应的图示表达称为吸附等温线。吸附模式可能是线性的，也可能是非线性的，其相应的吸附等温线为直线或曲线。由于重金属在土壤中的吸附和迁移过程很复杂，等温状态下，除了与浓度密切相关以外，还与土壤颗粒性质、流体速度、离子种类及水动力弥散等有关。因此，精确描述重金属在土壤中的归趋过程非常困难，许多公式基本上都是在一定的假说前提下，适用于一定范围内某些问题的经验表达式。

对重金属在土壤中的吸附/解吸和迁移机制的研究是当今环境研究的重要课题。一般认为，金属离子进入土壤环境后的作用机制可用两类模型表征，一类为平衡模型，另一类为动力学模型。平衡模型认为，金属离子进入土壤环境后，在土壤溶液与土壤固相之间的吸附/解吸反应速度很快，瞬时达到平衡，或在局部短时间达到平衡。

利用动力学模型研究重金属离子在土壤中的作用过程是几十年前发展起来的，动力学过程主要是研究金属离子在土壤中的吸附/解吸过程随时间而变化，动力学的研究可使人们深刻地理解反应的历程和化学反应的机制。

（三）影响土壤重金属淋溶和运移的因素分析

土壤重金属淋溶作用是指重金属污染物随渗透水在土壤中沿土壤垂直剖面向下的运动，是重金属在土壤颗粒与水系统之间吸附、解吸或分配的一种综合行为。与有机污染物易于挥发、降解、代谢等不同，重金属进入土壤系统后，易于积累于土壤环境中。[①] 在降雨、降雪和灌溉条件下，积累的重金属可能会随水淋溶到更深的土壤层中，甚至到地下水中，给人类健康和地下水安全带来潜在威胁。研究重金属在降雨和灌溉条件下在农田土壤中的淋溶规律和动力学释放过程，阐明重金属在农田土壤中的迁移转化机制，可为重金属污染土壤的改良和修复技术提供理论支持和依据。

土壤是非线性多孔介质体系，重金属在土壤中的迁移和释放过程非常复杂。土壤中的物理因素、物理化学因素、化学因素和生物因素是影响重金属在土壤中迁移转化的主要因素。物理迁移是指重金属离子或吸附在土壤颗粒表面的重金属随水迁移的过程；物理化学过程主要包含重金属在土壤中的吸附和解吸过程；化学过程主要包含重金属在土壤中的氧化、还原、中和及沉淀反应等；生物过程主要包含动植物和微生物对重金属迁移转化的影响。

重金属在土壤中淋溶和运移的影响因素如下：

1. 土壤的组成和成分

土壤对重金属的吸附、解吸、迁移等与土壤矿物组成和成分有重要关系。在土壤原生矿物上重金属发生的主要是交换吸附，被吸附的重金属离子通常容易被交换性阳离子所取代。土壤中的铁铝氧化物、黏土矿物和有机质通常对重金属有较强的吸附。重金属可以与铁铝氧化物通过配位桥键或单配位键形成较稳定结构，与有机质进行吸附、络合和螯合反应，与黏土矿物发生专性吸附。当土壤中铁铝氧化物、黏土矿物和有机质等含量较高时，土壤具有较强的重金属污染缓冲能力。

2. 土壤和土壤溶液的 pH

土壤溶液 pH 是影响重金属溶解性的主要因素，它还会影响土壤其他组分、吸附解吸平衡、沉淀溶解平衡、有机质和土壤胶体的分散与聚集情况。酸碱度对植物的影响是多方面的，大体上可以分为对外部环境影响与对植物体自身影响，为确定其中主要因素，现已将千余粒小麦种子分为 pH＝4、4.5、5、5.5、6、6.3、7、7.5、8 九个梯度进行育种，每区域

---

① 赵凤莲. 重金属污染土壤修复技术研究的现状与展望 ［J］. 建筑工程技术与设计，2021 (3)：1851.

100 颗左右，以营养液进行培养。土壤酸性过大，可每年每亩施入 20 至
25 公斤的石灰，且施足农家肥，切忌只施石灰不施农家肥，这样土壤反
而会变黄变瘦。也可施草木灰 40 至 50 公斤，中和土壤酸性，更好地调节
土壤的水、肥状况。而对于碱性土壤，通常每亩用石膏 30 至 40 公斤作为
基肥施入改良。

土壤碱性过高时，硫酸铝也被用来调节土壤 pH 值，因为它水解生成
氢氧化铝的同时会产生少量的硫酸稀溶液。添加后与土壤混匀即可达到改
良效果，具体添加量需要做预备试验。如果用蒸馏水溶解，则可以得到澄
清透明的溶液，但一旦水中有杂质微粒则会显得浑浊，因为 Al^{3+} 水解得
到的 Al (OH)₃ 胶体可以吸附这些杂质沉降。加碱，先产生白色沉淀，
继续滴加沉淀会消失。此时鉴别出有铝离子存在。

碱性过高时，可加少量硫酸铝、硫酸亚铁、硫磺粉、腐殖酸肥等。常
浇一些硫酸亚铁或硫酸铝的稀释水，可使土壤增加酸性。腐殖酸肥因含有
较多的腐殖酸，能调整土壤的酸碱度。以上方法以施硫磺粉见效慢，但效
果最持久；施用硫酸铝时需补充磷肥；施硫酸亚铁见效快，但作用时间不
长，需经常施用。

3. 土壤溶液的离子强度和成分

土壤中的液相部分，其中溶有多种无机和有机的化合物。它们的组成
和性质，受土壤母质、气候、地形和生物的制约而经常变化，反过来又影
响土壤形成、发育和植物生长。土壤溶液中的物质，有的可在不同程度上
降低溶液的表面张力而产生正吸附，有的又可能增加溶液的表面张力而产
生负吸附。因此，离土粒表面不同距离部位的土壤溶液，其组成和浓度均
有差别，从而为根毛提供可选择的液相部位。浓度过稀，植物不能得到充
分的营养；浓度过大，会阻碍植物吸水；其中含有较多有害盐类时，能引
起土壤盐渍化。土壤溶液的离子强度和成分会影响重金属与土壤之间的吸
附解吸作用。[①]

4. 重金属本身的价态与质量交换特性

重金属元素的化学形态区分，目前在环境化学、土壤化学和环境地球

---

① 薛琦. 重金属污染土壤修复技术及其修复实践 [J]. 当代化工研究，2021，
（第 23 期）：98－100.

化学研究中广泛采用连续提取法，所谓连续提取法是采用有选择性的浸提剂，逐级提取沉积物以及土壤中固相组分所结合的重金属元素。不同价态的重金属在土壤中吸附、解吸、迁移能力都不同，这也是影响重金属在土壤中归趋的重要因素。

5. 与其他污染物的相互作用

土壤重金属污染通常是复合型污染，重金属之间会发生协同、加和或拮抗作用，从而会改变土壤对污染的缓冲能力。土壤中生活着丰富的微生物、植物和动物，且这些生物之间存在着复杂的相互作用，并且通过物质循环和能量传递形成了错综复杂的食物网联系。土壤生物间的相互作用能深刻影响土壤中污染物的迁移转化和生物修复的效率，多元生物协同的修复技术集合了单一生物修复方法的优势，具有强化生物修复效果的巨大潜力。

6. 土壤微观环境

微观环境包含土壤颗粒的粒径和形态、孔径分布和含水量、水流流速等，其中土壤孔隙间和土壤颗粒本身的内部微观结构是控制重金属在土壤中扩散和质量交换速率的主要因素之一。土壤环境质量标准是土壤中污染物的最高容许含量。污染物在土壤中的残留积累，以不致造成作物的生育障碍、在籽粒或可食部分中的过量积累（不超过食品卫生标准）或影响土壤、水体等环境质量为界限。

7. 胶体因素

土壤中含有大量的无机胶体、有机胶体，胶体对重金属的吸附，一方面降低了它们的生物有效性，使得原来易被植物吸收的金属形态转化为不易被植物吸收的形态，使金属暂时退出生物小循环，另一方面使它们较长期地保持在土壤中，并随时间的推移进一步富集、累积在土壤中，最终可导致更严重的重金属污染，危及生物圈和人类的健康。所以研究土壤胶体体系对重金属的吸附特性及其影响因子有助于加深对重金属在土壤中的迁移、转化及生物危害方面的认识，这也是土壤污染学的重要研究内容。

土壤是复杂多孔介质体系，土壤中广泛存在的胶体使重金属污染物在土壤中的迁移过程更加复杂，而单纯的吸附试验的结果只能反映静态水流和均质系统中土壤对污染物的吸附行为，并不能反映污染物和胶体在水动力学条件下和土壤环境中的迁移过程。影响胶体在土壤中运移和释放的主要物理因素包括：土壤颗粒的粒径和形态、孔径分布和含水量、水流流速等。主要化学因素包括：土壤水的 pH 和离子强度、多孔介质的表面电荷、胶体的形态、种类、pH 以及有机质的种类和形态等。

重金属和胶体在土壤中淋溶和迁移的研究方法有很多，其中最常用的方法是易混合置换试验。通常在饱和或非饱和流条件下，把一定量的示踪剂和重金属溶液注入填充土壤的土柱中，保持稳定的水流，然后通入背景溶液（不含示踪剂和重金属）进行淋洗，直到出流液中示踪剂和重金属的浓度为零。用部分样品自动收集器来收集出流液，并且测量出流液中示踪剂和重金属的浓度变化，得到重金属在土壤中的穿透和淋溶曲线。示踪剂通常是保守的、非反应性的溶质，用于示踪土壤水的运动，反映土壤物理结构的运移参数通过示踪剂在土柱中的易混合置换试验求得。

目前，重金属在土壤中的运移已经被广泛研究，重金属在复杂土壤中的迁移是当今国际污染土壤环境学的难点，应用数学模型准确描述和预测重金属在复杂土壤中的运移过程是制定经济高效的土壤修复策略的重要环节。传统的理论认为水-气界面使黏土颗粒滞留在土壤中，而发现水-气界面在胶体或黏土表面形成的界面力在控制胶体或黏土释放的过程中起到了关键作用。[1] 还进一步从胶体与气-水界面相互作用模型验证了界面力随着土壤水饱和度的增加在气-液界面上可以产生很强的排斥力，这个排斥力在非饱和带的水流变化中使黏土颗粒从土壤和水的界面上释放了出来。这项研究表明瞬态水流对胶体协同污染物运移的理论有重要的意义。

---

① 方伟才. 重金属污染土壤修复技术与发展趋势［J］. 石油石化物资采购，2021（33）：113－115.

二、重金属在土壤中吸附和运移的机制模型

(一)吸附模型

1. 吸附量

吸附是重金属在土壤中迁移转化的重要作用之一。土壤对重金属的吸附量可以通过以下公式计算：

$$S = (C_0 - C) \times (V/M) \tag{1-1}$$

式中：S 为平衡时吸附在土壤上重金属的浓度（mg/L），C 为平衡时土壤溶液中重金属的浓度（mg/L），C_0 为重金属的初始浓度（mg/L），V 为重金属溶液的体积（cm³），M 为干土的质量（g）。

2. 吸附等温线

吸附等温线是土壤吸附的重金属浓度与水溶液中残余浓度之间相互关系的简单描述。当吸附等温线是线性时，可以用线性吸附等温方程式描述：

$$S = K_d C \tag{1-2}$$

式中：S 为平衡时吸附在土壤上的重金属浓度（mg/L），C 为平衡时土壤溶液中重金属浓度（mg/L），K_d 为线性吸附常数。K_d 值越大，土壤对重金属吸附越多。

(二)保守溶质运移模型

假设气相在液体流动过程中作用不明显，那么热梯度可以忽略，用修正的 Richards 方程描述饱和多孔介质中一维水分运移：

$$\frac{\partial \theta}{\partial t} = \frac{\partial}{\partial x}\left[K_s\left(\frac{\partial h}{\partial x} + 1\right)\right] \tag{1-3}$$

式中：h 为水头（cm），θ 为体积含水量（m³/cm³），t 为时间（s），x 为空间坐标（cm），K_s 为饱和水力传导度（cm/s）。

非反应性溶质通过均质土壤稳态运移的一维对流—弥散模型（CDE）方程为：

$$\frac{\partial C}{\partial t} = D \frac{\partial^2 C}{\partial x^2} - v \frac{\partial^2 C}{\partial x} \tag{1-4}$$

其解析解为：

$$\frac{C_c(t)}{C_0} = \frac{1}{2} erfc \left[\frac{L - vt}{2(Dt)^{1/2}} \right] + \frac{1}{2} \exp\left(\frac{vL}{D}\right) erfc \left[\frac{L + vt}{2(Dt)^{1/2}} \right] \tag{1-5}$$

式中：t 为时间（s），x 为距溶液加入端的距离（cm），θ 为土壤含水量（cm^3/cm^3），D 为弥散系数（L/cm），C 为土壤溶液中溶质浓度（mg/L），C_0 为输入溶液中溶质浓度（mg/L），C_e 为土壤出流液中溶质浓度（mg/L）。

对于均匀土柱，对流—弥散模型中的参数 D 通过"三点公式"求得。根据求解饱和土壤的纵向弥散系数近似解的"三点公式"：

$$D = \frac{v^2}{8t_{0.5}}(t_{0.84} - t_{0.16})^2 \tag{1-6}$$

式中：$t_{0.16}$、$t_{0.5}$、$t_{0.84}$ 分别为 C/C_0 中达到 0.16、0.5、0.84 时的时间值。$t_{0.16}$、$t_{0.5}$、$t_{0.84}$ 三点的值可由实测相对浓度相邻上下两点的时间值，通过内插法获得。

（三）重金属在饱和土壤中运移的机制模型

1. 线性吸附

当土壤对重金属的吸附是线性吸附时，一维重金属运移模型如下：

$$R \frac{\partial C}{\partial t} = D \frac{\partial^2 C}{\partial x^2} - v \frac{\partial^2 C}{\partial x} \tag{1-7}$$

$$R = 1 + \frac{\rho K_d}{\theta} \tag{1-8}$$

式中：ρ 为土壤干容重（g/cm^3），R 为阻滞因子，代表重金属相对于保守溶质在土壤中迁移的阻滞倍数。

2. 化学非平衡吸附

非平衡假设通常有两种，一种是物理非平衡，另一种是化学非平衡。一阶动力学速率方程与对流—扩散—弥散方程结合，得到了化学非平衡模型。由基本模型将土壤中的吸附点分为两种类型：类型 1 假定吸附是瞬时的，用平衡吸附等温线来描述；类型 2 则假定其过程与动力学吸附相关。

非平衡运移控制方程为：

$$\frac{\partial \theta R_i C}{\partial t} = \theta D \frac{\partial^2 C}{\partial x^2} - J_w \frac{\partial C}{\partial x} - \alpha_c \rho \left[(1 - f_c) S_i - S\right] \tag{1-9}$$

$$\frac{\partial S}{\partial t} = \alpha_c \left[(1 - f_c) S_i - S\right] \tag{1-10}$$

式中：f_c 为在平衡时发生瞬时吸附的交换点所占的分数，α_c 为一阶动力学速率系数，下标 C 代表具有 f_c 交换点分数的吸附点位，是土壤溶液中重金属浓度（mg/L）。

当吸附是 Freundlich 吸附时，$R_i = f_c \rho n K_1 C^{n-1} / \theta$ 和 $S_i = K_f C^n$。当吸附是 Langmuir 吸附时：

$$R_i = \frac{f_c \rho S_{max} K_L}{\theta (1 + K_L C)^2} \ \text{和} \ S_i = S_{max} \frac{K_L C}{1 + K_L C} \tag{1-11}$$

三、微观环境和尺度效应对重金属在土壤中迁移的影响机制

（一）微观结构对重金属运移的影响和作用机制

土壤按照粒径分类通常包含砂粒、粉粒和黏粒等，按照成分分类通常包含无机矿物、氧化物、有机质等。因此，土壤的物理和化学非均质性是土壤复杂系统的重要特征。非均质性影响溶质在土壤系统中的运移、混合和反应程度，土壤的物理和化学非均质性是控制重金属在土壤系统中迁移和相关生物地质化学反应的重要因素，是农田土壤和地下环境中普遍存在的现象。反应性重金属在非均质土壤系统中的平均反应速率通常比在均质或均匀的土壤中的反应速率慢几个数量级。根据反应性溶质在不同土壤物理微观结构上的迁移和归趋，可以将农田土壤的物理非均质性与反应性溶质的迁移特征相结合，为更详尽地描述反应性溶质在土壤复杂物理结构中的迁移机制和模型提供了理论基础，为以后将室内实验的参数应用到复杂农田系统提供了相关研究基础。此外，由于化学因素（氧化、还原、络合过程等）对重金属迁移转化的影响非常显著，土壤微观化学非均质性对重金属在化学非均质土壤结构中的迁移和转化也是未来研究

的重点之一。[①]

对于非均质性土壤，土壤与重金属的吸附和解吸速率主要由重金属与土壤矿物表面的反应速度和孔隙之间的质量交换速率来决定，主要原因包括：①不同土壤类型的砂粒、粉粒和黏粒的含量不同；②土壤矿物的成分不同；③氧化物和有机质含量不同；④土壤颗粒的构型、排列与组合不同。

观测和测量某种土壤中重金属反应和迁移速率很难直接应用到其他的土壤类型或实际的大区域的农田系统。土壤颗粒间的孔隙和土壤颗粒的内部微观结构是控制重金属在土壤环境中运移与扩散的主要决定因素之一，宏观尺度上重金属在农田土壤中的吸附、解吸和释放实际上与土壤的微观环境与结构密切相关。当土壤中存在重金属污染，重金属对土壤环境和地下水的影响是一个长期过程，而田间土壤的微观物理和化学环境对于重金属在土壤中的迁移有重要影响和决定性作用。研究土壤微观环境对重金属在土壤中迁移的影响对于提高土壤中重金属的迁移转化预测结果、修复效果和污染土壤的风险评估方法具有一定的理论和预测价值。

土壤介质的物理非均质性是控制污染物迁移转化过程的普遍且极为重要的影响因素，土壤的普遍非均质性为土壤和地下水的污染修复工作带来了极大挑战。土壤非均质性会导致地下水流速、污染物扩散速率等的空间分布发生变化；而这些变化通常与一系列诸如优先水流和污染物迁移通道、相对低渗透区域内污染物扩散以及介质颗粒大小变化而导致污染物选择性吸附等因素相关。相反，上述每一个因素又在不同程度上影响污染物的迁移及其在不同时间尺度上的演化，导致污染物在迁移过程中具有不同的宏观反应类型和速率。由此可见，土壤的非均质性往往是控制污染物迁移的关键因素。

（二）尺度效应对重金属运移的影响及机制

为实现污染物在复杂土壤环境和野外场地的可靠预测，尺度依赖以及相关的污染物/溶质迁移参数的尺度转换是近 20 年来水文污染学研究的焦点问题之一。目前，已有的研究主要集中在相对简单系统中的理论与半经验的尺度转换方法研究和多尺度的不同迁移参数的尺度依赖性。土壤非均

① 方伟才. 重金属污染土壤修复技术与发展趋势［J］. 石油石化物资采购，2021（33）：113－115.

质性和非饱和流场对重金属迁移尺度效应的影响尤为重要，该问题也是当今国际污染土壤学和水文地质学的难点和前沿。

重金属迁移过程的研究目前主要来自室内批实验和土柱实验（较小尺度）上，因为在小尺度上易获取大量的观测数据，模型也通常能够较好地校正参数。但是较小尺度上获得的反应参数在实际中往往大于重金属在农田土壤中的反应参数，因此，把较小尺度上的参数用于大尺度的研究需要相应的尺度转移理论和工具。合理解决尺度转换问题，需要通过尺度效应研究，掌握微观机制的宏观表征方式，从而提高重金属在土壤中污染模拟和预测的精度。

目前已有的研究成果主要集中在相对简单和均匀系统中的理论与半经验的尺度转换方法研究以及多尺度上（孔隙尺度、批实验、土柱实验及场地实验）迁移参数的尺度依赖性，如地球化学反应速率、吸附系数和滞后系数等。通过一系列重金属污染物在孔隙尺度、室内土柱尺度、场地尺度的迁移研究，可以深入开展重金属污染物在非均质土壤或多重土壤介质中迁移的控制参数随尺度变化的相关研究。应用多速率质量交换模型和两区或多区模型研究重金属污染物在非均质土壤或多重土壤介质中的迁移机制和影响因素，并且将该理论从饱和带中拓展至包气带中，进行多学科交叉，将是未来重金属在农田土壤中迁移研究的方向之一。

不同尺度的实验得到的迁移参数会因实验尺度不一致而相差甚大，比较这些参数为探讨尺度效应提供了基本依据。同时分析不同试验尺度得到的物理和化学迁移参数与含水层沉积物的水力传导系数分布、颗粒粒径分布、沉积相结构和几何形状等可测变量的相关性，在此基础上探讨尺度效应的控制因子，将为重金属在农田土壤中的准确预测提供相关的理论基础。通过研究反应性污染物在土壤孔隙尺度和土柱尺度上的迁移研究来深入开展污染物在复杂土壤环境（主要非均质性土壤）中迁移的控制参数随尺度变化的相关研究，发现应用多速率反应模型和两区或多区模型可以比较准确地预测反应性污染物在非均质土壤中的迁移过程。

（三）复杂农田土壤环境对重金属运移的影响

重金属在土壤中的运移受许多因素的影响，例如，土壤粒径分布、矿物成分、微孔体积、土壤 pH、有机质含量、阳离子交换量（CEC）、氧化还原电位等。当土壤是酸性时，有机质的含量及铁锰氧化物含量越高，土壤对重金属的吸附和络合作用越强；而当土壤是碱性时，土壤中重金属易发生沉淀与共沉淀，沉淀过程是主要的化学过程。这些化学过程均抑制重金属从土壤中的淋溶，造成重金属在土壤表层累积。肥料和微生物菌剂的施用会改变农田土壤性质和重金属含量，从而影响土壤中重金属的活动性。长期施用无机化肥有可能会降低土壤的 pH、CEC 和有机质含量等土壤因子，从而增强土壤中重金属的活动性。由于饲料添加剂含有重金属，因此施用基于动物粪便的有机肥可能增加重金属在土壤中的含量，特别是砷、铜和锌等。肥料的施用和微生物菌剂的施用还可能会影响土壤中重金属的形态和配合，从而影响重金属向植物根系的迁移和植物的吸收。

在农田土壤环境中，动植物等因素（如蚯蚓和植物根系、土壤微生物及其分泌物等）都对土壤的性质有一定的影响，而土壤性质的改变会影响土壤中重金属的形态和迁移性。蚯蚓和植物根系会造成土壤中的大孔隙流，这些大孔隙会造成重金属在土壤优先水流通道中的快速迁移。土壤微生物及其分泌物与重金属之间的相互作用非常复杂，其相互作用机制目前还不清楚，也是未来研究的重要方向之一。[①]

另外，非饱和带是土、水、气三者并存的一个复杂系统，是污染物进入地下含水层的必经之路，是目前土壤污染的主要地带。而污染物在非饱和带向上迁移可以进入农作物系统，向下迁移会进入地下含水层。研究胶体和胶体协同的污染物在非饱和带的迁移转化规律对于准确预测污染物的运移防治和对地下含水层的污染治理有非常重要的意义。但是重金属在非饱和带中的运移过程受土壤的颗粒间孔隙结构、土壤非均质性、气-水界面的复杂物理和化学过程影响，都会使这一过程非常复杂。因此，非饱和土壤中胶体和胶体协同的污染物的迁移和转化规律虽然对土壤污染防治和地下水保护具有重要意义，但是由于其复杂性，相关的研究较少。

---

① 崔小爱，张楠楠. 重金属污染土壤修复的二次污染及防治分析［J］. 皮革制作与环保科技，2021（3）：113-115.

第二章 重金属污染土壤的物理与化学修复

第一节 重金属污染土壤的物理修复技术

一、物理分离修复技术

(一) 粒径分离

粒径分离是根据颗粒直径采用特定网格筛分离出不同粒径固体的过程。粒径大于筛网的部分留在筛子上，粒径小的部分通过筛子。实际操作中，筛子通常都是有一定的倾斜度，能够使大颗粒顺利地滑下。物理筛分方法主要包括干筛分、湿筛分和摩擦-洗涤等。

(二) 脱水分离

脱水分离有过滤、压滤、离心和沉淀等方法。过滤是将泥浆通过可渗透物质，从而阻滞固体，只让液体通过；压滤处理是对固液混合体进行加压处理，使液体可以从可渗透的多孔介质中透过的处理方式；离心是通过滚筒旋转产生的离心力而使固液分离，通常使用的仪器是滚筒式离心设备；沉淀是指固体颗粒在水中的沉降，由于细小颗粒物的沉降速度很慢，因此，为了加速颗粒物的沉淀，必须在沉淀处理中加入絮凝剂。

(三) 重力分离

重力分离是根据物质密度差异，采用重力累积的方式分离固体颗粒的方法。影响重力分离的主要因素是密度，不过颗粒大小和形状也在一定程度上影响分离效率。重力分离常用的主要设备有振动筛、螺旋累积器、摇床和比目床等。

(四) 浮选分离

根据颗粒表面性质的不同,将其中一些颗粒吸引到目标泡沫上进行分离。通过向含有矿物的泥浆中添加合适的化学试剂,强化矿物表面特性而达到分离目的。一般气体由底部喷射进入泥浆池,这样特定类型的矿物有选择性地粘附在气泡上并随气泡上升到顶部,形成泡沫,进而收集这种矿物。目前重金属污染土壤也开始使用这种修复方式。

(五) 磁分离

磁分离是一种基于各种物质磁性的差别的分离技术。一些污染物本身具有磁感应效应,将颗粒流连续不断地通过强磁场,从而最终达到分离的目的。

美国路易斯安那州炮台港射击场,受到了铅和其他重金属污染。这里采用的修复方法实际上是物理分离技术和酸淋洗法的结合,物理分离技术用来去除颗粒状存在的重金属,酸淋洗法用来去除以较细颗粒状存在或以分子/离子形式吸附于土壤基质上的重金属。这两种技术多年来在采矿业中广泛应用,从矿物中分离重金属。近年来,土壤修复工作也采用这些技术将目标重金属污染物从土壤中去除。研究表明,在一些污染点,可能物理分离技术本身就能满足预期目标,但在另一些污染点,如果要达到 TCLP 土壤铅的修复水平,就要结合酸淋洗技术才能达到去除分子/离子态存在的重金属的目标。这里我们主要介绍物理修复技术部分内容。[①]

利用酸淋洗法处理土壤前,物理修复技术能够最大限度去除粒状重金属,这样可以通过机械方式,以最少的设备投入和经费投入来修复污染土壤。具体方法为:首先使污染土壤在摩擦清洗器中接触团聚结构,以利于接下来的粒度分级和筛分;其次粒度分级将土壤先分成粗质地部分(大于175目)和细质地部分(小于175目),筛子将弹头、大块金属残留物以及其他石砾从粗质地土壤中去除;然后将粗质地土壤通过矿物筛,以重力

---

① 姚忱. 重金属污染土壤修复技术与实践初探 [J]. 中小企业管理与科技,2020 (4): 172—173.

分离方式去除较小的金属物；最后用乙酸清洗液冲洗这部分土壤，除去吸附态的重金属。

二、土壤蒸气浸提修复技术

土壤蒸气浸提技术的基本原理是在污染土壤内引入清洁空气产生驱动力，利用土壤固相、液相和气相之间的浓度梯度，在气压降低的情况下将其转化为气态的污染物排除土壤外的过程。土壤蒸气浸提利用真空泵产生负压趋势空气流过污染的土壤孔隙而解吸并夹带有机组分流向抽取井，并最终于地上进行处理。为增加压力梯度和空气流速，很多情况下在污染土壤中也安装若干空气注射井。

土壤蒸气浸提技术的显著特点是：可操作性强，处理污染物的范围宽，可由标准设备操作，不破坏土壤结构以及对回收利用废物有潜在价值等，因其具有巨大的潜在价值而很快应用于商业实践。现阶段流动模式大多是建立在气液局部相平衡假定的基础上。虽然利用亨利常量的计算使问题大大简化，但在操作后期，挥发性有机物（VOCs）浓度很低时，模型的结果往往很难与真实情况相吻合，即所谓"尾效应"。多组分土壤蒸气浸提模拟实验中发现，主体气相流动将选择性夹带挥发性的VOCs。

土壤蒸气浸提研究的另一个方向是对该技术本身的改进和拓展，其中最重要的是原位空气注射技术，该技术将土壤蒸气浸提技术的应用范围拓展到对饱和层土壤及地下水有机污染的修复。操作上用空气注入地下水，空气上升后将对地下水及水分饱和层土壤中有机组分产生挥发、解吸及生物降解作用，之后空气流将携带这些有机组分继续上升至不饱和层土壤，在那里通过常规的土壤气相抽提（SVE）系统回收有机污染物。尽管原位空气注射技术使用不过十年时间，但因其高效、低成本的优点，使之正在取代泵抽取地下水的常规修复手段，对该技术的深入研究是目前土壤及地下水污染治理的一个热点。此外，异位土壤蒸气浸提技术、多相浸提技术、压裂修复技术等也在应用中。

三、固化/稳定化土壤修复技术

固化/稳定化技术是指防止或降低污染土壤释放有害化学物质过程

的一组修复技术，通常用于重金属和放射性物质污染土壤的无害化处理。这种技术既可以将污染土壤挖掘出来，在地面混合后，投放到适当形状的模具中或放置到空地进行稳定化处理，也可以在污染土地原位稳定处理。相较而言，现场原位稳定处理较经济，并且能够处理深达30m的污染物。

实际上，固化/稳定化技术包含了两个概念。其中，固化指将污染物包被起来，使之呈颗粒状或大块状存在，进而使污染物处于相对稳定的状态。在通常情况下，它主要是将污染土壤转化成固体形式，也就是将污染物封存在结构完整的固态物质中的过程。封存可以对污染土壤进行压缩，也可以由容器来进行封装。固化不涉及固化物或固化的污染物之间的化学反应，只是机械地将污染物固定约束在结构完整的固态物质中。通过密封隔离含有污染物的土壤，或者大幅降低污染暴露的易泄漏、释放的表面积，从而达到控制污染物迁移的目的。稳定化指将污染物转化为不易溶解、迁移能力或毒性变小的状态和形式，即通过降低污染物的生物有效性，实现其无害化或降低其对生物系统危害性的风险。稳定化不一定改变污染物及其污染土壤的物理、化学性质。通常，磷酸盐、硫化物、碳酸盐等都可以作为污染物稳定化处理的反应剂。许多情况下，稳定化过程与固化过程不同，稳定化结果使污染土壤中的污染物具有较低的泄漏、淋失风险。

在实践上，固化是将污染土壤与水泥等一类物质相混合，使土壤变干、变硬。混合物形成稳定的固体，可以留在原地或运至别处。化学污染物经历固化过程后，无法溶入雨水或地表径流或其他水流进入周围环境。固化过程并未除去有害化学物质，只是简单将它们封闭在特定的小环境中。稳定化则将有害化学物质转化为毒性较低或迁移性较低的物质，如采用石灰或水泥与金属污染土壤混合，这些修复物质与金属反应形成低溶解性的金属化合物后，金属污染物的迁移性大大降低。

尽管如此，由于这两项技术有共通性，即固化污染物使之失活后，通常不破坏化学物质，只是阻止这些物质进入环境危害人体健康，而且这两种方法通常联合使用以防止有害化学物质对人体、环境带来的污染。固化和稳定化处理紧密相关，两者都涉及利用化学、物理或热力学过程使有害废物无毒害化，涉及将特殊添加剂或试剂与污染土壤混合以降低污染物的物理、化学溶解性或在环境中的活泼性，所以经常列在一起讨论。

固化/稳定化技术一般常采用的方法为：先利用吸附质如黏土、活性炭和树脂等吸附污染物，浇上沥青；然后添加某种凝固剂或黏合剂，使混合物成为一种凝胶；最后固化为硬块。凝固剂或黏合剂可以用水泥、硅土、消石灰、石膏或碳酸钙。凝固后的整块固体组成类似矿石结构，金属离子的迁移性大大降低，使重金属和放射性物质对地下水环境污染的威胁大大减轻。许多固化/稳定化药剂在其他化学处理过程（如脱氯过程）中也经常使用。

如果采用固化/稳定化技术对深层污染土壤进行原位修复，则需要利用机械装置进行深翻松动，通过高压方式有次序地注入固化剂/稳定剂，充分混合后自然凝固。固化/稳定化处理过程中放出的气体要通过出气收集罩输送至处理系统进行无害化处理后才能排放。

固化/稳定化处理之前，针对污染物类型和存在形态，有些需要进行预处理，特别要注意金属的氧化-还原状态和溶解度等，如六价铬溶解度大，在环境中的迁移能力高于三价铬，毒性也较强，因此在采用该技术修复镉污染土壤时，首先要改变铬的价态，将铬从六价还原为三价。

四、玻璃化修复技术

玻璃化修复技术包括原位和异位玻璃化两方面。其中，原位玻璃化技术发展源于 20 世纪五六十年代核废料的玻璃化处理技术，近年来该技术被推广应用于污染土壤的修复治理。

原位玻璃化技术是指通过向污染土壤插入电极，对污染土壤固体组分给予 1600～2000℃的高温处理，使有机污染物和一部分无机化合物如硝酸盐、硫酸盐和碳酸盐等得以挥发或热解，从而从土壤中去除的过程。其中有机污染物热解产生的水分和热解产物由气体收集系统收集进行进一步处理。熔化的污染土壤（或废弃物）冷却后形成化学惰性的、非扩散的整块坚硬玻璃体，有害无机离子得到固化。原位玻璃化技术适用于含水量较低、污染物深度不超过 6m 的土壤。

原位玻璃化技术的处理对象可以是放射性物质、有机物、无机物等多种干湿污染物质。通常情况下，原位玻璃化系统包括电力系统、封闭系统（使逸出气相不进入大气）、逸出气体冷却系统、逸出气体处理系统、控制站和石墨电极。现场电极大多为正方形排列，间距约 0.5m，插入土壤深度 0.3～1.5m。电加热可以使土壤局部温度高达 1600～2000℃，玻璃化深度可达 6m，逸出气体经冷却后进入封闭系统，处理达标后排放。开始时，需在污染土壤表层铺设一层导体材料（石墨），这样保证在土壤熔点（高于水的沸点）温度下电流仍有载体（干燥土壤中的水分蒸发后其导电性很差），电源热效应使土壤温度升高至其熔点（具体温度由土壤中的碱金属氧化物含量决定），土壤熔化后导电性增强成为导体，熔化区域逐渐向外、向下扩张。在革新的技术中，电极是活动的，以便能够达到最大的土壤深度。一个负压罩子覆盖在玻璃化区域上方收集、处理玻璃化过程中溢出的气态污染物。玻璃化的结果是生成类似岩石的化学性质稳定、防泄漏性能好的玻璃态物质。

经验表明，原位玻璃化技术可以破坏、去除污染土壤、污泥等泥土类物质中的有机污染物和固定化大部分无机污染物。这些污染物主要是挥发性有机物、半挥发性有机污染物、其他有机物，包括二噁英/呋喃、多氯联苯、金属污染物和放射性污染物等。原位玻璃化技术修复污染土壤通常需要 6～24 个月，因其修复目标要求、原位处理量、污染浓度及分布和土壤湿度的不同而不同。

异位玻璃化技术使用等离子体、电流或其他热源在 1600～2000℃ 的高温熔化土壤及其中的污染物，有机污染物在如此高温下被热解或蒸发去除，有害无机离子则得以固定化，产生的水分和热解产物则由气体收集系统进一步处理。熔化的污染土壤（或废弃物）冷却后形成化学惰性的、非扩散的整块坚硬玻璃体。

异位玻璃化技术对于降低土壤等介质中污染物的活性非常有效，玻璃化物质的防泄漏能力也很强，但不同系统方法产生的玻璃态物质的防泄漏能力则有所不同，以淬火硬化的方式急冷得到玻璃态物质与风冷形成的玻璃体相比更易于崩裂。施用不同的稀释剂产生的玻璃体强度也有所不同，被玻璃化的土壤成分对此也有一定影响。

异位玻璃化技术可以破坏、去除污染土壤、污泥等泥土类物质中的有机质污染和大部分无机污染物。其应用受以下因素影响：①需要控制尾气中的有机污染物及一些挥发的重金属蒸气；②需要处理玻璃化后的残渣；③湿度太高会影响成本。通常，移动的玻璃化设备的处理能力为 3.8～23.0m³/d，需要投入的修复费用为 650～1350 美元/m³。[①]

① 陈阳波. 重金属污染土壤修复技术及其修复实践探索 ［J］. 包装世界，2020（8）：49—50.

第二节　重金属污染土壤的化学修复技术

一、化学修复概念及特点

(一) 化学淋洗技术

1. 化学淋洗技术的概念与分类

土壤化学淋洗技术是指利用物理化学原理去除非饱和带或近地表饱和带土壤中重金属污染物的方法。

按照提取液处理方式的不同，化学淋洗法又可分为清洗法和提取法。

(1) 清洗法。

清洗法是指用清水或含有能与重金属形成配合化合物的溶液冲洗土壤，当重金属污染物到达根层以外而没有进入地下水时，用含有能与重金属污染物形成难溶性沉淀物的溶液继续冲洗土壤，使其在一定深度的土层中形成难溶的间层，以防止其污染地下水。

(2) 提取法。

提取法又分为洗土法、浸滤法和冲洗法，是指将水、溶剂以及淋洗助剂注入受到污染的土壤中，然后再把这些含有污染物的水溶液从土壤中提取出来，并送到污水处理厂进行二次处理。

按照处理土壤的位置不同，化学淋洗技术又可分为原位修复技术和异位修复技术。

按照淋洗剂的种类不同，化学淋洗技术还可以分为清水淋洗技术、无机溶液淋洗技术、有机溶液淋洗技术。

由于化学淋洗过程的主要技术手段在于向污染土壤注入淋洗液，因此化学淋洗技术的关键在于提高污染土壤中污染物的溶解性和它在液相中的可迁移性，而且不会造成对地下水等环境的二次污染。

目前，化学淋洗技术主要用螯合剂或酸处理重金属来修复被污染的土壤。这种技术适用于轻度污染土壤的修复，尤其对重金属的重度污染具有较好处理效果——化学淋洗技术能够处理植物修复所不能到达的地下水位以下的重金属污染。

2. 化学淋洗技术的影响因素

（1）重金属赋存状态。

土壤中重金属可吸附于土壤颗粒表层或以一种微溶固体形态覆盖于土壤颗粒物表层，或者通过化学键与土壤颗粒表面相结合，或者土壤受到重金属复合污染时，重金属以不同的状态而存在，导致处理过程的选择性淋洗。

（2）淋洗剂的选用。

淋洗剂包含有机淋洗剂和无机淋洗剂两大类型。

有机淋洗剂通常为表面活性剂和螯合剂等，常用来与重金属形成配位化合物而增强其移动性。

无机淋洗剂通常为酸、碱、盐和氧化还原剂等。

值得注意的是，淋洗剂的选用可能会导致土壤环境中物理和化学特性的变化，进而影响其生物修复潜力；在下雨的过程中还会增加地下水二次污染的风险，因此在选用淋洗剂之前必须慎重考虑。

（3）土壤质地。

土壤质地对土壤淋洗的效果具有重要的影响。当土壤属于砂质土壤类型时，淋洗效果较好；当土壤中黏粒含量达 20%～30%时，其处理效果不佳；而黏粒含量达到 40%时则不宜使用。在土壤淋洗技术的实际操作当中，为了缩短淋洗过程中重金属和淋洗液的扩散路径，需要将较大粒径的土壤打碎。

3. 化学淋洗技术的特点

土壤淋洗修复技术可快速将重金属从土壤中移除，短时间内完成高浓度污染土壤的治理，而且治理费用相对较低廉，现已成为污染土壤快速修复技术研究的热点和发展方向之一。近年来，针对重金属污染土壤淋洗修复技术已经进行了大量的理论研究工作，并且也已经开展了一些工程应用。

研究表明，土壤淋洗修复技术具有如下优点：①可去除大部分污染物，如重金属、半挥发性有机物、多环芳烃（PAHs）、氰化物及放射性污染物等；②可操作性强，土壤淋洗技术既可以原位进行也可异位处理，异位修复又可进行现场修复或离场修复；③应用灵活，可单独应用，也可作为其他修复方法的前期处理技术；④修复效果稳定，去除污染物较为彻底，修复周期短而且效率高。①

但是由于土壤淋洗技术存在一定的局限性，该修复方法也存在如下缺点：①对土壤黏粒含量较高、渗透性比较差的土壤修复效果相对较差；②目前淋洗效果比较好的淋洗剂价格较为昂贵，难以用于大面积的实际修复；③淋洗过后带有污染物溶液的回收或残留的问题，如果控制不好，则容易造成地下水等环境的二次污染。

（二）土壤改良修复技术

1. 土壤改良修复技术认知

土壤改良修复技术就是通过往土壤中加入一种或多种改良剂，通过调节土壤理化性质以及沉淀、吸附、络合、氧化/还原等一系列反应，改变重金属元素在土壤中的化学形态和赋存状态，降低其在土壤中可移动性和生物有效性，从而降低这些重金属污染物对环境的危害，进而达到修复污染土壤的目的。

鉴于土壤重金属污染常常涉及面积很大，各种工程修复措施的成本过高，而土壤改良修复技术实际应用中土壤结构不受扰动，适合大面积地区的操作，如果添加的改良剂能廉价获得或废弃物再利用，那么修复成本也会很经济。常用的改良剂分为无机改良剂和有机改良剂两大类，其中无机改良剂主要包括石灰、碳酸钙、粉煤灰等碱性物质；羟基磷灰石、磷矿粉、磷酸氢钙等磷酸盐以及天然、天然改性或人工合成的沸石、膨润土等矿物。有机改良剂包括农家肥、绿肥、草炭等有机肥料。

2. 土壤改良剂的分类

不同金属元素有着各自的特性，在这些特性中离子的移动性通常用来评估重金属元素在土壤环境中的归趋和生物学毒性。尤其在重金属复合污染的土壤中，不同金属离子有着独特的移动性能，所以很难找出单一的物质能降低所有金属离子的移动性。在大量改良剂中有些适合几种金属离子，但对各种离子的固定效果还取决于所加入改良剂的量。实际应用过程中，将无机有机混合改良剂施入土壤中是最典型的改良措施之一。

---

① 陈阳波. 重金属污染土壤修复技术及其修复实践探索［J］. 包装世界，2020（8）：49-50.

（1）碱性无机改良剂。

石灰是一种被广泛采用的碱性材料，施入土壤里能显著提高土壤的pH值，从而对土壤中的重金属起到沉淀作用，尤其对富含碳酸镁的石灰效果更为显著。廖敏研究表明，土壤施加石灰后，水溶态 Cd 随石灰的施用量增加而急剧减少；交换态 Cd、有机结合态 Cd 在 pH＞5.5 时随石灰用量增加而急剧减少。

由于钙还可以改善土壤结构，增加土壤胶体凝聚性，因此可以增强植物根表面对重金属离子的拮抗作用。然而，把石灰性物质当成土壤改良剂来修复土壤并不是很普遍适用的技术，事实上这种方法还存在缺陷。例如，有学者发现施用石灰后反而活化了铬酸盐这类物质，并且随着时间的推移并没有明显降低重金属 Cd 的生物有效性，甚至在一定程度上促进了植物的吸收，而且向土壤施入石灰性物质可能导致某些植物营养元素的缺乏。

（2）磷酸盐。

磷酸盐类化合物是目前应用较广泛的钝化修复剂。羟基磷灰石、磷矿粉和水溶性、枸溶性磷肥均可降低重金属的生物有效性。它们能通过改变土壤 pH 值、化学反应等显著降低 Pb 等重金属在土壤中的生物有效性，从而降低其在植物中的积累。目前磷酸盐修复重金属污染土壤时，使用的主要研究方法有化学形态提取法、化学平衡形态模型法和光谱及显微镜技术。值得注意的是，当土壤存在 As 与其他重金属离子复合污染时，施用磷酸盐反而增加了 As 的水溶性，提高了其生物活性。

磷酸盐修复重金属的作用主要通过磷酸盐诱导重金属吸附、磷酸盐和重金属生成沉淀或矿物和磷酸盐表面吸附重金属来实现，但磷酸盐与重金属反应的机理十分复杂，研究尚不完全清楚，因此难以有效区分和评价诱导吸附机理和沉淀机理或其他固定机理，相应地，对磷酸盐修复重金属的长期稳定性难以预测。虽然磷酸盐在降低大多数重金属的生物有效性方面具有显著的效果，但是过量施用磷酸盐可能诱发水体富营养化，营养失衡造成作物必需的中量和微量元素缺乏以及土壤酸化等，从而引发一些环境风险。所以应该谨慎选择磷肥种类和用量，最好是水溶性磷肥和难溶性磷肥配合、磷肥与石灰物质等配合施用。

（3）天然、人工合成矿物。

矿物修复指向重金属污染的土壤中添加天然矿物或改性矿物，利用矿物的特性改变重金属在土壤中存在的形态，以便固定重金属、降低其移动性和毒性，从而抑制其对地表水、地下水和动植物等的危害，最终达到污染治理和生态修复的目的。矿物修复以黏土矿物修复最引人注目，常用于修复土壤重金属污染的黏土矿物有蒙脱石、凹凸棒石、沸石、高岭石、海泡石、蛭石和伊利石等。当前国内外学者在研究土壤重金属污染治理中一直强调土壤自净能力，土壤自净功能是土壤各种组分与其结构共同作用的体现，黏土矿物在土壤自净过程中作用重大。黏土矿物是土壤中最活跃的组分，在大多数情况下带有负电荷，且比表面积较大，促使它可以有效地控制土壤中固液界面之间的作用。在重金属污染土壤中，以黏土矿物为主体的土壤胶体吸附带相反电荷的重金属离子及其络合物，减少了土壤中交换态重金属比例，从而降低了重金属污染物质在土壤中的生物活性。

此外，黏土矿物不但在表面可吸附交换性离子，而且可以通过将重金属离子固定在层间的晶格结构内，减轻重金属污染物质的危害性。天然或人工合成的矿物可钝化重金属和降低其生物有效性，为此有关学者也进行了大量的研究。海泡石对 Cd 具有较大的吸附作用，其最大的吸附值可达 3160mg/g，在红壤和耕型河潮土中施入海泡石后交换态 Cd 显著下降，残渣态 Cd 明显上升，使植株内 Cd 含量明显降低，说明海泡石对酸性和中性土壤的 Cd 污染均有一定的改良效果。钠化改性膨润土对 Cd 也有很好的吸附作用。

（4）铁锰氧化物。

铁锰氧化物、铁屑及一些含铁锰的工业废渣能吸附重金属，减小其毒性。这些物质可以通过与重金属离子间产生强烈的物理化学、化学吸附作用使重金属失去活性，减轻土壤污染对植物和生态环境的危害。研究表明，铁锰氧化物可通过专性吸附强烈地固定重金属离子，且随着老化时间的延长，重金属的钝化稳定性大大提高。然而，由于成本相对较高，同时又存在着潜在的 Fe^{2+}/Mn^{2+} 对作物的毒害风险，因此限制了其在生产实践中的应用。

（5）土壤有机改良剂。

施加廉价易得的有机物料对土壤进行修复是一种切实可行的方法。有机物料多为农业废弃物，对其加以利用既可避免其对环境的污染，还可减少化肥的使用，从而降低农业成本。施加有机改良剂可改善土壤结构，提高土壤养分，从而促进农作物生长，发展具有可持续性的生态农业。[1] 同

---

[1] 宋立杰，安淼，林永江. 农用地污染土壤修复技术 [M]. 北京：冶金工业出版社，2019.

时，使用有机物料可减少农作物对重金属的吸收积累，缓解重金属通过食物链对人体健康的威胁。因此，研究使用有机物料来加强对重金属污染农田的利用、提高农作物的安全性和产量具有一定现实意义。用于治理土壤重金属污染的有机改良剂主要有有机肥、泥炭、家畜粪肥及腐殖酸等。向土壤中施用有机质能够增强土壤对污染物的吸附能力，有机物质中的含氧功能团，如羟基等，能与重金属化合物、金属氢氧化物及矿物的金属离子形成化学和生物学稳定性不同的金属-有机配合物，而使污染物分子失去活性，减轻土壤污染对植物和生态环境的危害。然而，有机物料对重金属离子活性的影响在不同土壤中表现不一。在盆栽条件下，水稻在分蘖期不添加外源 Cu 时，猪粪和泥炭均降低了潮土水溶性 Cu 的含量，但没有降低红壤水溶性 Cu 的含量。也有研究表明，有机物料在后茬作物中促进了重金属的生物积累和毒性。因为有机物质在刚施入土壤时可以增加重金属的吸附和固定，降低其有效性，减少植物的吸收；但是随着有机物质的矿化分解，有可能导致被吸附的重金属离子在之后被重新释放出来，又导致了植物的再吸收。因此，利用有机物料改良重金属污染土壤具有一定的风险，有机物料对重金属离子的钝化及降低其生物有效性主要取决于有机物的种类、重金属离子类型和施用时间。

（6）离子拮抗剂。

由于土壤环境中化学性质相似的重金属元素之间，可能会因为竞争植物根部同一吸收点位而产生离子拮抗作用，因此，可向某一重金属元素轻度污染的土壤中施入少量的与该金属有拮抗作用的另一种金属元素，以减少植物对该重金属的吸收，减轻重金属对植物的毒害。例如，锌和镉的化学性质相近，对于镉污染的土壤，比较便利的改良措施之一是按一定比例施入含锌的肥料，以缓解对农作物的毒害作用。日本在治理根横可小马木矿山附近钼的毒害时就是以拮抗原理为依据施用石膏，之后土壤作物生长发育良好，产量明显提高。

（三）电动化学修复技术

1. 电动化学修复技术认知

电动化学修复技术是指向土壤两侧施加直流电压形成电场梯度，土壤中的污染物在电解、电迁移、扩散、电渗透、电泳等的共同作用下，使土壤溶液中的离子向电极附近积累从而被去除的技术。所谓电迁移，就是指离子和离子型络合物在外加直流电场的作用下向相反电极的移动。电渗析使土壤中的孔隙水在电场中的一极向另一极定向移动，非离子态污染物会随着电渗透移动而被去除。在理论的基础上，人们越来越意识到对污染土壤电动修复的发展趋势应是原位修复。原位电动修复技术不需要把污染的土壤固相或液相介质从污染现场挖出或抽取出去，而是依靠电动修复过程直接把污染物从污染的现场清除，这种修复方式的成本较异位修复的成本明显会低很多。[①]

2. 电动化学修复的影响因素

电动化学修复技术虽然原理比较简单，但是其中涉及的物理和化学过程以及土壤组分的性质却使问题变得非常复杂。污染物的迁移量和迁移速度受污染物浓度、土壤粒径、含水量、污染物离子的活性和电流强度的影响，还与土壤孔隙水的界面化学性质及导水率有关。

（1）pH 值。

电动化学修复技术的主要缺点是阴阳极电解液电解后引起土壤 pH 值的变化及实际工程治理成本高等。土壤中的电极施加直流电后，电极表面主要发生电解反应，阳极电解产生氢气和氢氧根离子，阴极电解产生氢离子和氧气。在电场作用下，H^+ 和 OH^- 通过电迁移、电渗析、扩散、水平对流等方式向阴阳两极移动，在两者相遇区域产生 pH 值突变，形成酸性和碱性区域。pH 值控制着土壤溶液中离子的吸附与解吸、沉淀与溶解等，而且酸度对电渗析速度有明显的影响，还可能改变土壤表面电动电位（Zeta 电位）。对高岭土而言，在靠近阳极区，Zeta 电位升高至 $10mV$，电渗析减小甚至方向相反，必须增大电压以保持一定的电渗析方向，从而能耗加大，成本增加。在靠近阴极区，Zeta 电位降低至 $-54mV$，电渗析增大，这种现象导致了土壤中形成不均匀的流线，甚至是流量的中断，对土壤修复效果造成负面影响，所以如何控制土壤 pH 值是电动修复技术的关键。

（2）土壤类型。

土壤的性质，包括吸附、离子交换、缓冲能力等与土壤的类型有关，是影响污染物的迁移速度及去除效率的主要因素。细颗粒的土壤表面，土

---

① 汪滔. 重金属污染土壤修复技术及其研究进展 [J]. 区域治理，2020（30）：42.

壤与污染物之间的相互作用非常剧烈。高水分、高饱和度、高阳离子交换容量、高黏性、低渗透性、低氧化还原电位和低反应活性的土壤适合原位电化学动力修复技术。这类土壤中污染物的迁移速率非常低，使用常规修复方法的修复效果差，而电动技术能有效促进了污染物的迁移。

（3）电流与电压。

电压和电流是电动力学过程操作的主要参数。

实验室中一般采用控制电流法和控制电压法，尽管较高的电流强度能够加快污染物的迁移速度，但是能耗也迅速升高。一般采用的电流强度范围为 $10\sim100mA/cm$，电压梯度为 $0.4\sim2V/cm$。

（4）电极。

电极的材料、结构、形状、安装位置和安装方式都在一定程度上影响电化学动力修复的修复效果。

电极应导电性好、耐腐蚀、不引入二次污染物和易加工安装，一般选用的材料是石墨、钛、金和不锈钢等。电极一般采用竖直安装，其中一种安装方式是直接将中空的电极置入潮湿的土壤中，电极中空的部分为电极井，即内置电极井，污染溶液从电极井壁的孔隙进入电极井，定时从电极井中抽取污染溶液。电极构型直接影响修复单元内有效作用的面积和修复效率。"中"字形和六边形分别是不同旋转方式下最优的电极构型，采用这两种电极构型可节省电极材料费，同时保持系统的稳定性和污染物去除的均匀性。

3. 电动化学修复技术的特点

（1）电动化学修复在一些特殊的地区使用比较方便，因为对土壤的处理仅仅限于两个电极之间，不涉及以外的地区土壤。这种方法对于质地黏重的土壤效果良好，因为黏土表面有负电荷，同时在饱和的土壤中都可应用。

（2）电动化学修复必须在酸性条件下进行，往往需要加入提高土壤酸性的溶剂，当土壤的缓冲液容量很高时则很难调控到土壤酸性条件，同时土壤酸化也可能是环境保护所不容许的；此外，这种技术耗费时间可能从几天到几年。如果施用的直流电压较高，则效果降低，这是由于土壤温度升高造成的。虽然 Pb、Cr、Cd、Cu、Hg 等都可以电动修复和回收，但是为了提高效果，需要深入研究重金属和土壤胶体在物理化学方面的相互作用，以及施用增强溶剂对这些相互作用的影响。

二、化学修复原理及方法

（一）化学淋洗技术

1. 化学淋洗法

化学淋洗法是将淋洗液注入污染土壤中，使吸附固定在土壤颗粒上的重金属形成溶解性的离子或金属-试剂络合物，然后收集淋洗液回收重金属，并循环淋洗液。

化学淋洗技术对于重金属的重度污染具有较好的处理效果，而且能够处理植物修复所不能到达的地下水位以下的重金属污染。

化学淋洗技术的实现形式包括原位淋洗和异位淋洗。土壤淋洗技术实现的方式不同，其具体实施方法也有很大的区别。在进行重金属污染土壤修复之前，应先对污染场地的重金属污染物分布特征和土壤质地特征进行系统调查，根据实际调查结果确定化学淋洗修复的实施方案。

（1）原位土壤淋洗修复技术。

原位土壤淋洗修复是在污染现场直接向土壤施加淋洗剂，使其向下渗透，经过污染土壤，通过螯合、溶解等理化作用使污染物形成可迁移态化合物，并利用抽提井或采用挖沟的办法收集洗脱液，再做进一步处理。原位淋洗技术主要用于去除弱渗透区以上的吸附态重金属。

原位土壤淋洗修复技术的一般流程为：添加的淋洗剂通过喷灌或滴流设备喷淋到土壤表层；再由淋出液向下将重金属从土壤基质中洗出，并将包含溶解态重金属的淋出液输送到收集系统中，将淋出液排放到泵控抽提井附近；再由泵抽入至污水处理厂进行处理。

（2）异位土壤淋洗修复技术。

异位土壤淋洗修复技术与原位化学淋洗技术不同的是，该技术要把受到重金属污染的土壤挖掘出来，用水或其他化学试剂清洗以便去除土壤中的重金属，再处理含有重金属的废液，最后将清洁的土壤回填到原地或运到其他地点。[①] 美国联邦修复技术圆桌组织推荐的异位土壤淋洗技术主要

---

① 吴发超，马登军. 重金属污染及其控制研究 [M]. 徐州：中国矿业大学出版社，2019.

包括以下六个步骤。

一是污染土壤的挖掘。

二是土壤颗粒筛分。剔除杂物如垃圾、有机废弃物、玻璃碎片等，并将粒径过大的土粒移除，以免损害淋洗设备。

三是淋洗处理。在一定的液土比下将污染土壤与淋洗液混合搅拌，待淋洗液将土壤污染物萃取出后静置，进行固液分离。

四是淋洗废液处理。含有悬浮颗粒的淋洗废液经过污染物的处置后，可再次用于淋洗步骤中。

五是挥发性气体处理。在淋洗过程中产生的挥发性气体经处理后可达标排放。

六是淋洗后土壤的处置。淋洗后的土壤如符合控制标准，则可以进行回填或安全利用；淋洗废液处理过程中产生的污泥经脱水后可再进行淋洗或送至终处置场处理。

2. 化学淋洗技术原理

土壤吸附重金属的机制分为 2 类：①金属离子吸附在固体表面；②形成离散的金属化合物沉淀。而土壤化学淋洗技术是通过逆转这些反应过程，把土壤固相中的重金属转移到土壤溶液中。添加不同种类的淋洗剂，其修复原理也不同。

（1）无机淋洗剂如水、酸、碱、盐等无机溶液，其作用机制主要是通过酸解、络合或离子交换作用来破坏土壤表面官能团与重金属形成的络合物，从而将重金属交换解吸下来，进而从土壤中溶出。磷酸是土壤 As 污染最有效的淋洗剂，质量分数为 9.4% 的磷酸淋洗 6h 对 As 的去除率可达到 99.9%。但是较高的酸度同时也会破坏土壤的物理结构、化学结构和生物结构，并致使大量土壤养分流失，且强酸性条件对处理设备的要求也较高，因此该类淋洗剂在实际应用中受到了限制。

（2）为了克服无机酸淋洗剂强酸性的危害，越来越多的螯合剂被应用于重金属污染土壤的淋洗修复研究和实践中，且其在土壤淋洗中的地位越来越重要。螯合剂能够通过螯合作用与多种金属离子形成稳定的水溶性络合物，使重金属从土壤颗粒表面解吸，由不溶态转化为可溶态，从而为土壤淋洗修复创造有利条件。研究表明，螯合剂能在很宽的 pH 值范围内与重金属形成稳定的复合物，不仅可以溶解不溶性的重金属化合物，同时也可解吸被土壤吸附的重金属，是一类非常有效的土壤淋洗剂。

（二）土壤改良修复技术

土壤改良修复技术是通过向土壤中添加一些改良剂，通过沉淀、络合、吸附、化学还原等作用原理钝化土壤中活性较大的重金属，降低重金属的生物有效性，进而达到治理和修复土壤污染的目的。

常用的改良剂有碱性物质、磷酸盐类、有机类物质等。[①] 不同修复过程和反应机制将直接影响土壤修复效果，有的修复材料如石灰只能通过改变土壤酸碱性来降低重金属的生物有效性，这种修复效果是不稳定的，一旦土壤 pH 值因一定因素降低，那么环境风险又将重现。有的修复材料可以增加土壤 pH 值和增加吸附量，土壤的这种修复作用就较为稳定。如果修复材料通过矿物晶格层间吸附或形成沉淀，其修复效果则依赖于重金属污染物的固液平衡动力学特征及沉淀的溶度积，其修复效果就相对持久稳定。因此，明确重金属污染物在土壤中的修复机制对于评价修复效果和持久性有着重要的意义。不同的土壤改良剂，其改良过程有很大差别，反应机制也很复杂。根据目前研究状况，可以将其分为以下几类。

1. 化学吸附和离子交换作用

很多修复材料如生物炭等，其本身对重金属离子有很强的吸附能力，同时也提高了土壤对重金属的吸附容量，从而降低了重金属的生物有效性。施用石灰等碱性材料后可以提高土壤的 pH 值，不但有利于重金属沉淀物的存在，而且土壤表面负电荷增加，土壤对重金属离子的亲和性增加，可以提高重金属离子的吸附量。研究表明，加入生物炭培养 60d 后，Pb 和 Cd 污染土壤 pH 值较对照上升 $0.35 \sim 0.86$ 单位值，土壤中重金属的酸可提取态含量下降，残渣态含量上升。砷酸根在含铁、铝物质作用下，可通过基团交换反应替换铁铝氧化物表面的 OH^-、OH_2 等基团而被吸附在矿物表面，X 射线吸收精细结构光谱证实它们形成了稳定的具有双齿双核结构的复合物。

2. 沉淀作用

对于如石灰等碱性修复材料，施入土壤后 pH 值提高，促使土壤中重

---

① 胡沛. 重金属污染土壤修复技术及修复的探讨 [J]. 善天下，2020 (16)：871-872.

金属形成氢氧化物或碳酸盐结合态沉淀。例如，当 pH 值大于 6.5 时，Hg 就能形成氢氧化物或碳酸盐沉淀。土壤中的磷酸根离子也可以与多种重金属离子直接形成金属磷酸盐沉淀，而且反应生成的金属磷酸盐沉淀在很大的 pH 值范围内溶解度都很小，从而降低重金属在土壤中的生物有效性和毒性。在施用有机物料时，随着有机物料在分解过程中会消耗大量氧气，使土壤处于还原状态，土壤重金属元素还会形成 PbS 等沉淀物，也降低了重金属的有效性。富含铁锰氧化物、铁屑及一些含有铁锰的工业废渣，可以与重金属离子产生强烈的物理、化学作用，通过表面络合和表面沉淀可形成氢氧化物沉淀。

研究表明，在酸性土壤中施入磷石膏和红石膏修复材料之后，铅在其表面形成了稳定的硫酸铅矿物，磷酸盐还可通过共沉淀作用在土壤矿物表面形成稳定的磷氯铅矿物（难溶物质），而磷氯铅矿的溶解度比其类似物碳酸铅和硫酸铅低几个数量级，对重金属的修复效果较为显著。

3. 有机络合

土壤中重金属元素在有机物质表面有很高的亲和性，而且有机质富含多种有机官能团，不仅对重金属元素有较强的置换能力，还能与重金属形成具有一定稳定程度的金属有机络合物，从而降低重金属污染物的生物可利用性。特别是腐熟度较高的有机质可通过形成黏土-金属-有机质三元复合物增加重金属在土壤中的吸附量。有研究发现，土壤中镉可以与有机质中的羧基、羰基形成稳定的络合物。腐殖酸也可以与多种重金属离子形成具有一定稳定程度的腐殖酸-金属离子络合物，而且研究证明施用大分子的腐殖酸较小分子的腐殖酸更能有效地降低重金属的生物有效性。

事实上，土壤改良剂降低重金属生物有效性通常是通过多种反应机制同时作用产生的修复效果，很少通过单一的反应机制来实现；并且受多种因素的影响，如土壤 pH 值、氧化还原电位、土壤组成、阳离子交换量等。

理想的改良剂应该具备以下几个条件：①改良剂的施用不会造成土壤结构和性质的破坏，也不会对植物等生态环境形成新的危害；②改良剂具有较高的稳定性，不会随时间和环境的变化而逐渐分解；③改良剂具备较强的结合性，即通过较强的转性吸附、沉淀、氧化还原等对重金属离子有较高的吸附结合能力；④改良剂的成本低廉，实际可操作性强。

（三）电动化学修复技术

1. 电动化学修复方法

电动化学修复是近些年才兴起的一种新型修复技术，并在实验中已经取得一定成果，而且已证实了其在处理常见重金属如 Cu、Zn、Pb、Cr、Cd 等方面的有效性。但是，该技术目前大多处于实验室研究阶段，应用层面的研究需要进一步深入。由于直接电动化学修复去除重金属的方法不能很好地控制土壤体系中 pH 值的变化及沉淀的形成，容易堵塞土壤空隙同时使电压降增加、能耗增加等，导致电动化学修复去除重金属污染物的效率降低。因此，为了提高去除效率，通常需要一些增强的措施，并衍生出一系列改进的处理方法。现阶段，改进的电动化学修复主要包括电极施加 pH 缓冲液控制方法、电动-化学联合处理法。[①]

（1）电极施加 pH 缓冲液控制法。

电极施加 pH 缓冲液控制法就是通过向电极区添加缓冲液控制 pH 值的方法，降低 pH 值变化对土壤中离子的吸附与解吸、沉淀及溶解和电渗析速度的影响，进而可以更好地掌握土壤中重金属的存在形态和迁移特征。研究表明，使用柠檬酸为清洗液进行 Cu^{2+} 污染土壤的修复，在适宜的操作条件下，Cu^{2+} 的去除率可以达到 89.9%。但是也有研究表明，经常在电极区加入酸性缓冲液会导致土壤酸化，因此这种方法也有一定的局限性。

（2）电动-化学联合处理法。

电动-化学联合处理法就是向土壤中添加 EDTA 等特异性螯合剂或还原剂，与重金属之间形成稳定的配位化合物，而且这种化合物在很大的 pH 值范围内都是可溶的，进而增强了重金属在土壤中的迁移性，再利用电动化学法将其去除。在实际修复过程中，螯合剂必须根据特定的环境慎重选择，因为在增强重金属在土壤中的迁移性后，其也会被部分植物吸收，反而加重了生态环境的污染。

---

① 敖和军. 重金属污染土壤的农作物修复研究 [M]. 长春：吉林大学出版社，2018.

2. 电动化学修复原理

电动化学修复的基本原理是将电极插入受到重金属污染土壤或地下水区域，通过施加微弱电流形成电场，利用电场产生的各种电动力学效应（包括电渗析、电迁移和电泳等）驱动土壤中重金属离子沿电场方向定向迁移，从而将污染物富集至电极区然后进行集中处理或分离。同时在修复过程中会发生电极反应：

$$阳极：2H_2O-4e^- \rightarrow O_2+4H^+ \quad E_0=-1.23V$$
$$阴极：2H_2O+2e^- \rightarrow H_2+2OH^- \quad E_0=-0.83V$$

第三节　重金属污染土壤中生物质炭的应用

一、生物质炭的基本特性

（一）生物质炭的制备方法

目前制备生物质炭主要有两种方法：一是热裂解或干馏；二是水热炭化。热裂解工艺多种多样，根据反应温度可以将其分为低温、中温和高温裂解，而根据物料与温度接触的时间又可以分为慢速、快速和闪速。在裂解过程中可以产生固、液、气三相产物，但是各类产物的比例、数量及特性，主要取决于裂解温度和反应时间。慢速热裂解（300~500℃）的生物质炭产率比较高，一般超过30%；而快速及闪速热裂解以获得生物油为主，生物气和生物质炭的产率较低，一般不到20%。

生物质热裂解是一个十分复杂的过程，既有纤维素、半纤维素和木质素等高分子化合物分子键的断裂、异化，也伴随着小分子物质的缩合与聚合，主要包括4个阶段：首先是脱水，当温度低于200℃时，生物质中的游离水（即物理吸收的水分）以蒸汽的形式析出，同时产生极少量CH和VOCs；其次为吸热的热裂解反应，当温度为200~300℃时，纤维素中的β-1,4-糖苷键发生断裂，并形成聚合度较小的左旋葡聚糖碎片、左旋葡烯酮糖等物质，C—O和C—C键断裂可产生CO_2、CO气体，也同时释放

出 CH_4、乙酸和已氧化的 VOCs；两次为放热的热裂解反应，当温度为 $300 \sim 400℃$ 时，纤维素等进一步分解，产生各类烷烃、酮类、醛类、羧酸类、醇类等小分子有机物质，以及 CO、CO_2 等气体；最后为炭化反应，当温度高于 $500℃$ 时，残留的含碳物质继续缓慢分解，同时发生缩合、环化形成多环芳烃的结构。可见，可根据实际需要，对裂解条件进行控制，从而得到不同类型的产物。

水热炭化是将生物质材料与催化剂和水混合，并在无氧、高温、高压条件下实现炭化的过程，其反应温度一般介于 $180 \sim 250℃$ 之间，反应时间为 $1 \sim 72h$，压强为 $14 \sim 22MPa$。由于无需脱水干燥的前处理，因此水热炭化法可以处理畜禽粪便、污水污泥等含水率高的有机废弃物，并且生物质炭的产率也比较高。水热炭化过程十分复杂，主要包括水解、脱水、脱羧、芳香化和缩聚等过程，其间也伴随着去氧和脱氢。在此过程中，纤维素等高聚物首先会发生水解作用，解聚形成其单链物质或低聚物，如葡萄糖、半乳糖、果糖、木糖等，然后经异构化、开环、脱水、脱羧等过程，进一步生成分子结构较简单的酸、醇、醛、酮、糠醛等中间产物，最后再重新缩合聚合、芳构化最终形成难溶于水的固体水热炭。

生物质材料经水热炭化后一般形成海绵状或聚集的纳米碳球结构，结构均匀，含有大量的含氧、含氮官能团，并且容易通过调节反应条件（温度、反应时间、原料浓度和前体类型）来改变纳米球颗粒的大小及表面特性，从而生产具有特定功能的碳纳米材料。此外，生物质炭制备还可采用微波加热的方法，此方法操作简单、加热速率快、反应效率高、可选择性均匀加热等优点，原材料的含水量是影响微波热解生物质的主要因素。

制备生物质炭的主要原料为农、林及畜牧业废弃生物质。据不完全统计，我国的作物秸秆、畜禽粪便、林业剩余物、生活垃圾及市政污泥等各类有机废弃物每年产生量超过 40 亿 t，主要是作物秸秆和畜禽粪便。目前，一些有机废弃物得到安全处置与资源化利用，但仍然有可观的农作物秸秆和畜禽粪便未得到安全处置与资源化利用，不仅浪费资源，还造成了环境污染，甚至引发某些社会问题。中国作为农业生产大国拥有丰富的生物质原材料，这就使生物质炭技术在我国具有很大的发展空间，这也是近期国内兴起生物质炭农业与环境应用研究的主要原因。

（二）生物质炭的基本特性

在通过生物质热裂解制备生物质炭的过程中，既有高分子化合物分子键的断裂、异化，也伴随着小分子物质的缩合与聚合，从而赋予了生物质炭独特的性质，如高碳含量、多孔、大的比表面积、高度芳构化和富含多种表面官能团等。

1. 生物质炭产率

生物质炭产率是指生物质炭质量占原材料生物质质量的百分比，其大小主要取决于原材料和裂解温度。对于大多数纤维木质材料而言，在一定温度范围内，热裂解生物质炭的产率随裂解温度的升高而降低；而原材料颗粒越大，灰分含量越高，生物质炭的产率也越高，当制备温度从350℃升至700℃时，芒草生物质炭产率从47%降至28%；温度的升高（300～700℃）使污泥生物质炭的产率下降了近20%，并且在升温的开始阶段产率下降最多。

2. 孔隙结构

生物质本身为海绵状结构，在裂解反应过程中，半纤维素、纤维素和木质素会发生脱水和分解，产生H_2、CO_2、CO、CH_4、C_2H_4和挥发性的有机物及水蒸气等，这些物质的逸出致使在生物质炭的内部与表面形成大量的孔隙。显然生物质炭是一种多孔材料。[①] 研究表明，在一定温度范围内，生物质炭的孔隙结构，随着裂解温度的升高而增强。低温芒草生物质炭基本保持了原材料的组织结构，它的孔隙更多，且主要是大孔隙。低温芒草生物质炭的单位质量孔隙体积（即比孔容）比高温生物质炭高35%，但高温生物质炭的孔隙大小相对更加均匀。当裂解温度达到900℃时，玉米秸秆炭的微孔数量达到最大。但由于在高温条件下木质素出现软化和熔融，致使部分气孔被堵塞，因此高温下制备的稻壳和法国梧桐树叶生物质炭的孔隙结构变差。

3. 比表面积

生物质炭具有较大的比表面积，化学处理可以使生物质炭的比表面积显著增加，经氧化性气体活化后，其比表面积可以达到$2000m^2/g$左右。生物质炭的比表面积与其孔隙结构之间具有密切的关系，尤其是微孔数量

---

① 陈文亮. 重金属污染土壤修复技术研究进展 [J]. 世界有色金属，2020（6）：178－180.

越多，生物质炭的比表面积也就越大。在一定温度范围内，生物质炭的比表面积随着热解温度的升高而增加。生物质炭的比表面积与其挥发性组分的含量呈负相关，随着裂解温度的提高，挥发性组分从微孔中释放出来，生物质炭的比表面积增大。比表面积是影响生物质炭吸附性能的重要参数，一般认为生物质炭的吸附强度与比表面积呈正相关。

4. 元素组成与含量

生物质炭的元素组成与含量主要取决于原材料和裂解温度。一般说来，随着裂解温度的升高，C 含量增加，而 H 和 O 含量降低，N 含量变化因原材料而异。纤维木质材料制备的生物质炭，C 含量一般都超过50%，而畜禽粪便等动物性原材料生物质炭，N、P 及矿质元素含量比较高，C 含量比较低，一些以污泥为原材料的生物质炭中还富含 Cr、Cd、Cu、Ni 等重金属。

5. 表面官能团

生物质炭表面一般含有丰富的官能团，如羧基、羟基、芳香酯、醚类、醛类等。酸性官能团主要是羧基，还有酚羟基等；而碱性官能团主要来源于表面高度共轭的芳香结构的研究表明，随着裂解温度的升高，脂肪族的官能团趋于转化为芳香族官能团；在温度上升的过程中，醚键（C—O—C）、羧基（C—O）、甲基（—CH$_3$）等逐渐消失，但芳香族化合物依然存在。

6. pH、EC

生物质炭的酸碱度取决于裂解温度和原材料，一般呈碱性，pH 为8.2～13.0，但有些原材料在较低温度条件下制备的生物质炭也呈酸性。一般说来，随着热裂解温度的升高，生物质炭灰分含量增加，pH 也随之提高。以纤维木质为原材料制备的生物质炭 pH 随温度的变化，比动物粪便生物质炭更为明显，电导率（EC）也有几乎相同的变化趋势。鸡粪含有比较多的灰分，EC 远高于秸秆，但 pH 并不高，这说明鸡粪生物质炭中的灰分成分与秸秆生物质炭可能有很大的差异，前者可能含有更多的碱土金属，而秸秆生物质炭灰分中含有比较多的碱金属。结果发现，同温度下不同原材料制备的生物质炭碱性物质的含量，以豆科植物为原材料的生物质炭碱性，要高于非豆科植物生产的生物质炭；草本植物生物质炭的

pH 高于木本植物生物质炭，可能与灰分中盐分成分有关。

（三）生物质炭活化和修饰改性方法及其原理

生物质炭尽管具有较大比表面积，且带有一定量官能团，但吸附能力仍然不高，远远不能满足要求。因此，首先需要利用多种物理与化学方法，改善生物质炭孔隙结构，增加微孔隙数量，扩大比表面积；其次清除生物质炭表面淀积物，暴露生物质炭表面官能团；最后是修饰与改性生物质炭表面结构，改变表面官能团种类和数量，并赋予其特定的功能，以扩展吸附功能，提高吸附能力。目前对生物质炭的改性主要有两种途径，一是对生物炭进行活化，类似于活性炭的制备，二是对原材料或生物炭进行修饰。

1. 生物质炭的活化

活化生物质炭的目的在于采用物理或化学的方法，扩大生物质炭的比表面积，改变表面特性，增加表面电荷数量，从而提高它的吸附能力。物理活化一般用水蒸气和 CO_2 等气体处理生物质炭，主要是清除淀积在生物质炭孔隙内外表面的盐分、焦油等物质，使孔隙开放，增加有效表面积；暴露活性基团，提高电荷数量；还可通过气体与结构有机碳反应创造新的孔隙，从而增加生物质炭的比表面积。水蒸气处理的生物质炭，其比表面积达到 $1926m^2/g$，微孔容积达到 $0.931cm^3/g$。在微波加热的条件下用 CO_2 处理生物质炭，比表面积超过了 $2000m^2/g$，并形成以微孔为主、中孔为辅的呈均匀有序分布的孔隙结构。与水蒸气相比，CO_2 的活化效果更好，所需时间也更长。

气体活化生物质炭过程简单，能够形成微孔丰富且物理特性良好的材料，经活化后的生物质炭吸附性能也有所提高，但是该活化所需时间较长、能耗较大。化学活化法不仅克服了气体活化时间较长的缺点，并且能够在较低的活化温度下制备出更高产率和更好吸附性能的生物质炭，因此虽然具有一定的腐蚀性，但也得到了较广泛的应用。化学活化主要利用酸、碱、盐等化学试剂处理原材料或生物质炭，一方面促进纤维素等成分脱水炭化和分解，另一方面利用活化剂能与原材料中的某些无机物反应的性质来去除原材料中阻碍炭化反应的成分和堵塞生物质炭表面孔隙的杂质。

不同活化剂对生物质炭的活化效果也不同。适宜条件下经 KOH 处理后的生物质炭表面孔隙分布均匀，富含微孔、中孔结构，存在多种官能团等使其性能优于普通活性炭，能有效地吸附水体中的亚甲基蓝、2,4-二硝基苯酚等有机污染物。在 NaOH、KOH 等碱性试剂活化生物质炭的过程中，当裂解温度达到某一高度时，会发生碳酸化作用，生成 Na_2CO_3、K_2CO_3 及 H_2、CO_2 等气体，气体的逸出可以促进生物质炭表面孔隙的形成，但碳酸盐的大量累积却不利于活化的进行。通常情况下，KOH 活化生物质炭产率较低，而选用 H_3PO_4 作为活化剂时可以使活性生物质炭的产率提高到 30%～40%。磷酸低温活化（400～600℃）有利于制备富含中孔（2～10 nm）的生物质炭，而炭化温度的升高（700～900℃），则更有利于生物质炭表面微孔的形成。在生物炭的活化过程中也伴随着表面官能团，如羧基、羟基和羰基等酸性含氧基团活性的改变，这也是生物质炭吸附性能有效提高的原因之一。

此外，$ZnCl_2$ 也是一种常用的化学活化剂，它同样能使生物质炭拥有良好的孔性及表面化学性能，但是过高的温度（一般＞700℃时）可能会对微孔结构造成破坏。因此在生物质炭化学活化的过程中，不仅需要根据实际需求选择合适的活化方法，还应控制时间、温度、浸渍比等活化条件，以利于得到更高产率、更优孔性和表面特性的生物质炭，避免过度活化可能造成的比表面积下降，甚至孔壁塌陷、孔隙结构破坏等问题。

2. 生物质炭的修饰

生物质炭修饰是指改变生物质炭表面结构和化学特性，赋予其吸附特定物质的能力，并增加吸附容量与稳定性。根据改性前后顺序，可分为对原材料的修饰和对生物质炭的修饰。生物质炭的性质在很大程度上取决于原材料的组成成分和特性，近期不少研究结果显示，用一定浓度的 Fe^{2+}、Fe^{3+}、Al^{3+} 等金属盐溶液，对原材料进行浸渍处理，使原材料附着上这些盐分，再经高温裂解处理，获得表面淀积有金属氧化物或其羟基氧化物的生物质炭，从而可以达到增加生物质炭吸附 PO_4^{3-}、NO_3^-、重金属离子和有机污染物等特定物质的能力。

用 $AlCl_3$ 溶液浸渍水稻秸秆，发现其生物质炭表面正电荷明显增多，对水体 As（Ⅴ）的吸附能力增强，最高吸附量可达 645 mmol/kg。经 $MgCl_2$ 溶液浸渍后的玉米秸秆生物质炭，由于生物质炭表面含镁纳米颗粒和官能团的增加，吸附能力大幅度提高，能够去除养猪场废水中约

90%的磷。$Fe(NO_3)_3$、$FeCl_3$ 等也是常用的浸渍溶液，Fe^{3+} 不仅能与生物质炭表面的含氧官能团形成稳定的络合物，从而增强其络合重金属离子的能力，而且 Fe^{3+} 水解后形成的 $Fe(OH)_3$ 沉淀，还对这些官能团有覆盖作用，减少了生物质炭表面的负电荷，从而增加了其对 CrO_4^{2-}、$Cr_2O_7^{2-}$ 等阴离子的吸附。经铁盐修饰后的生物质炭表面分布着呈晶格状的铁氧化物纳米颗粒，主要形式为磁铁矿；也在铁盐改性的生物质炭表面和内部结构中发现了均匀分布的 Fe_2O_3 颗粒，这样的生物质炭/γFe_2O_3 复合物对水体中 As（V）的吸附量可达 3147mg/kg。铁质改性生物质炭不仅提高了生物质炭的吸附性能，还通过引入磁铁矿、赤铁矿等磁性介质使生物质炭具有磁性，能够通过外加磁场的作用回收利用生物质炭和吸附的金属物质，不仅可避免二次污染，还可以资源得到最大化的利用。

生物质炭的修饰可以经金属盐溶液浸渍后再二次裂解或燃烧，也可以通过氧化还原、加成和水解等作用，改变生物质炭表面官能团的种类和数量，从而增强其对特定物质的吸附能力。氧化改性常用到的试剂有 H_2O_2、HNO_3 和 $KMnO_4$，它们可以与生物质炭表面的有机官能团，如 $C=C$ 键等发生氧化还原反应，产生大量的含氧官能团，尤其是酸性含氧官能团。Boehm 滴定法结果显示，经 HNO_3 氧化处理后，竹炭表面羧基（—COOH）、内酯基（—COOR）、酚羟基（—OH）的数量均显著增加，并且引入了大量含氮官能团，如硝基（—NO_2），使生物质炭的表面活性大大提高。

也有学者利用氧化性气体，如 O_3 来制备高活性的炭，结果发现虽然活性炭的比表面积并没有明显的改变，但是表面羧基、内酯基、酚羟基及烃基等酸性含氧官能团的数量比活化前增加了几倍到几十倍，从而大大增强了其对水体中 Cd（Ⅱ）等重金属离子和有机污染物的吸附能力。若使用 $KMnO_4$ 作为氧化剂，不仅可以氧化生物质炭表面官能团，反应结束后还可在炭表面覆盖上一层锰的氧化物，从而增强吸附重金属离子的能力。

有学者发现用稀 HCl 处理也能够引入酸性基团，如酚羟基、羧基等，可能是由于生物质炭表面有机官能团能在稀酸的催化作用下进行水解，从而大大增加了生物质炭含氧官能团的数量。含氧官能团的引入增加了生物质炭的亲水性，有利于溶液中离子态污染物的吸附，但是对于有机污染物吸附性能的改变效果却不明显。使用氨水对生物质炭进行修饰，发现利用其还原性可以增加生物炭表面碱性基团，如共轭电子结构的数量，从而提高生物质炭对水体中苯酚等疏水性有机污染物的吸附。对生物质炭加足处理也具有相似的效果，凡改性可去除活性炭表面含 O 官能团，增加碱性基团的数量。

此外，NH_3Cl、NH_3Br 等也被用于生物质炭的改性过程，其原理主要是通过加成反应引入含卤官能团，提高生物质炭的活性。通过将聚乙烯亚胺（PEI）接枝到稻壳炭表面，使含 N 官能团可以通过络合及静电作用吸附水体中的 Cr（Ⅵ），显著增加了生物炭的吸附能力。可见，对生物质炭修饰改性的方法多种多样，得到的生物质炭也通过表面特性的改善而增加了对环境中污染物的吸附容量和去除能力。实际应用中，我们可以根据生物质炭本身的特性、目标污染物的性质，并结合操作的难易程度和成本等因素选择具体的方法。

二、生物质炭对土壤重金属生物有效性的影响及其原理

（一）生物质炭对重金属的吸附与解吸作用及机制

生物质炭不但具有巨大的表面积，而且表面含大量的多种官能团，带有正、负两种电荷，能够吸附分子、阴离子、阳离子、极性和非极性物质。不少研究结果显示，生物质炭对 Cd^{2+}、Pb^{2+}、Cu^{2+}、Ni^{2+} 及 AsO_4^{3-}、CrO_4^{2-} 等重金属离子具有强烈的吸附能力，其吸附特性因生物质炭和重金属而异。

裂解温度是影响生物质炭表面特性的重要因素之一。生物质炭吸附重金属在较短的时间内就达到平衡，其吸附容量受 pH、温度、重金属离子的类型和起始浓度，以及伴随离子等因素的影响。一般而言，当溶液 pH 为 5～6 时，能够最大限度地发挥生物质炭对 Cd、Pb、Cu、Zn 等的吸附作用，这与不同酸碱条件下生物质炭表面的电荷密度及重金属形态等密切相关。

伴随离子的存在对生物质炭吸附重金属有显著的影响。研究表明，PO_4^{3-}、SO_4^{2-}、SiO_3^{2-} 等与 As（Ⅲ）、As（Ⅴ）之间存在竞争关系，Ca^{2+}、Mg^{2+} 与 Cd^{2+}、Pb^{2+} 之间也会争夺生物质炭上的吸附位点，而某些有机污染物，如苯丙氨酸（PHE）、阿特拉津等，同样会与重金属阳离子竞争吸附。溶液中不同电性的离子结合，还可能形成沉淀，从而占据吸

附位点，并阻塞生物质炭的孔隙，从而降低生物质炭表面积，减弱对重金属的吸附能力。因此在多相体系中，生物质炭对重金属离子的吸附量会有不同程度的降低。

目前关于生物质炭吸附重金属的机制还不是很清楚，可能主要与生物质炭的表面结构特性和重金属的性质等有关。生物质炭为多孔介质，有比较发达的微孔结构，重金属离子可以通过扩散作用进入生物质炭微孔而被"阻滞"，这种物理吸附作用极弱，重金属离子很容易解吸流出孔隙。大多数研究者认为，生物质炭主要通过正负电荷之间的库伦引力和中心离子与配位原子之间的配位键作用，以物理化学的方式将重金属离子吸附在生物质炭表面，其吸附行为符合伪二级动力学方程。此外，生物质炭表面富含多种有机官能团，其中羧基（—COOH）、羟基（—OH）、羰基（—C＝O）等酸性含氧官能团容易在水中发生去质子化，一方面释放出大量的 H^+，另一方面使生物质炭表面形成带有负电荷的吸附中心，并与重金属离子发生络合作用，将其固定在生物质炭的表面。重金属离子可与生物质炭内、外表面的碱金属或碱土金属发生离子交换作用，因此在生物质炭吸附重金属的过程中通常伴随着大量 Na^+、K^+、Ca^{2+}、Mg^{2+} 等离子的释放。通过离子交换途径吸附的重金属容易被较强的阳离子试剂交换下来，但是络合作用属于专性吸附，因此其吸附强度大而不容易发生解吸。

生物质炭以何种方式吸附重金属决定了二者的结合程度，并对重金属的解吸行为有重要的影响。一般说来，通过物理阻滞作用所吸附的重金属，很容易发生解吸，其解吸率可以达到85%以上，静电引力吸附的重金属也容易被其他阳离子交换下来，但是通过专性吸附的重金属较难解吸，即使是柠檬酸、HNO_3、EDTA 等络合剂，也仅能使部分重金属离子解吸。吸附在生物质炭表面的重金属解吸行为还受到溶液 pH、重金属离子类型及初始浓度以及其他共存离子等因素的影响。一般说来，提高 pH 将降低重金属解吸量和解吸率，这可能是因为在较高的 pH 条件下，有利于生物质炭对重金属的专性吸附。随着溶液中重金属离子初始浓度的升高，被生物质炭吸附的 Cd^{2+}、Zn^{2+} 等的解吸率可以从不到2%显著增加到超过19%，究其原因可能是因为重金属离子率先占据生物质炭表面专性吸附位点，亲和力较强，而随着浓度的增加，过量的离子则只能吸附在亲和力较低的位点上，从而更容易发生解吸。

（二）生物质炭对土壤重金属的形态及活性的影响

根据连续提取法，土壤中重金属的形态可分为水溶态、可交换态、碳酸盐结合态、铁锰氧化物结合态、有机结合态和残渣态。重金属的形态直接关系到其生物有效性，植物吸收离子的形态一般为非复合的自由离子，重金属各形态的生物有效性高低顺序为：水溶态＞可交换态＞碳酸盐结合态＞铁锰氧化物结合态＞有机结合态＞残渣态。生物质炭是一种多孔材料，具有相对较高的比表面积，含有大量的碱性物质和有机官能团及较高的阳离子交换量，能够通过物理扩散、静电引力、离子吸附及络合、沉淀等方式，与土壤重金属发生多种相互作用，对土壤重金属形态和有效性产生显著的影响。总体来看，施入土壤的生物质炭可直接增强土壤对重金属的吸附固定作用，改变重金属形态，降低重金属生物有效性，一方面，因此不少研究者认为生物质炭可作为土壤重金属钝化剂。但是，不同生物质炭的性质差异很大，对土壤重金属形态和有效性的影响也有所区别，其效果还因生物质炭用量、土壤条件及重金属类型而异。

大多数生物质炭含有一定量的灰分并呈碱性，能够显著提高土壤pH，导致黏土矿物、有机质等表面负电荷增加，从而增强土壤对重金属离子的静电吸附甚至专性吸附作用；另一方面，碱性条件下，一些重金属阳离子会逐渐羟基化，与自由状态下的离子相比更容易被土壤矿物颗粒吸附，再加上大部分重金属在碱性环境中容易形成难溶性物质，故施用生物质炭后常常使土壤水溶态重金属的比例下降，而碳酸盐结合态、残渣态等形态重金属的比例升高，降低了重金属的有效性和移动性。此外，生物质炭对土壤有机质的含量和稳定性具有重要影响。生物质炭可以提高耕层土壤颗粒态有机质（POM）的含量，增强其对重金属的富集；花生秸秆炭可以显著增强红壤对 Cu^{2+} 的专性吸附作用，有机结合态比例的升高是其可能的原因之一。土壤有机质分解形成的局部还原条件，有助于 S^{2-} 与 Cd^{2+} 反应生成 CdS 沉淀，从而降低 Cd 的有效性。

生物质炭对土壤重金属形态和有效性的影响与生物质炭的种类有关。柠条炭比竹炭更能有效地降低污染土壤可交换态 Cd 的含量，在不同类型的重金属污染土壤中，鸡粪生物质炭固定 Cd、Cu 和 Pb 的能力均明显高于绿肥生物质炭，向砷污染的土壤中加入 3 种不同的生物质炭，发现它们对 As（V）的吸附量大小为牛粪炭＞松针炭＞玉米秸秆炭。这些差异不仅可能与生物质炭本身的性质，如孔隙结构、表面化学特性等密切相关，还可能因为不同的生物质炭施入土壤后，其对土壤理化性质的影响不尽一致。

　　一般说来，低温条件下制备的生物质炭，由于含有较多的羧基、羟基等含氧官能团，因此施入土壤后更能增强土壤吸附与固定重金属的能力。不同温度下制备的棉籽壳生物质炭，降低土壤中 Ni、Cd、Pb 等可溶态浓度有明显的差异，其中 $350℃>500℃≈650℃>800℃$。比起 $500℃$ 和 $600℃$ 下制备的水稻秸秆炭，$400℃$ 条件下制备的水稻秸秆炭更能有效地降低土壤有效态 Cd 含量。

　　生物质炭对重金属形态和活性的影响，也因重金属本身特性和土壤条件而异。生物质炭中含有的盐基离子 Na^+、Ca^{2+}、Mg^{2+} 等，可通过离子交换作用使交换态重金属转变为水溶态，提高其有效性和移动性。施用牛粪炭、松针炭和玉米秸秆炭，都能够提高水溶态 As 的浓度，增加其有效性；施用水稻秸秆生物质炭虽然显著降低了土壤孔隙水中 Cd、Pb、Zn 的浓度，但同时也使 As 的浓度明显增加。这是因为 As 在自然条件下主要以亚砷酸根阴离子的形式存在，通过专性吸附固定于土壤铁铝氧化物表面，施入生物质炭后土壤 pH 升高使其水溶态的比例增加。由于生物质炭提高了土壤可溶性有机碳（DOC）的含量，从而导致了 As 与 DOC 在土壤孔隙水相共运移，因此移动性和有效性均增强。

三、生物质炭对作物吸收富集重金属的影响与机制

（一）生物质炭对作物吸收重金属的影响

　　铅、汞、砷、镉、铬，这 5 种重金属被列为农业生产中的"五毒元素"，过量吸收会对作物的生长造成严重的不良影响。植物对这些重金属元素的吸收与富集，主要取决于生长环境中这些重金属含量及其有效性。现有的研究结果显示，施用生物质炭能改变土壤物理、化学和生物学性质，对土壤重金属的形态和有效性也有明显的影响，因而也必将影响到植物对重金属的吸收与富集。显然地，这种影响也与所施用生物质炭种类及用量有关，也可能因重金属和植物的种类而异。

　　不同生物质炭的物理、化学性质差异很大，对土壤物理、化学、生物学性质的影响也不同，对土壤重金属形态和有效性的影响也有差异，因而

对作物吸收富集重金属的影响也不同。生物质炭能显著地降低冶炼区镉污染土壤中可交换态 Cd 的含量并减少油菜对 Cd 的吸收，但是相比于竹炭，柠条炭的效果更好。比起绿肥生物质炭，鸡粪生物质炭更能有效地降低印度芥菜地上部 Pb 和 Cd 含量，这是因为施用鸡粪生物质炭，更能显著地降低土壤重金属溶解度、移动性及生物有效性。此外，不同种类的生物质炭对植物的生长也产生一定影响，在比较由水稻不同部位生产的生物质炭对水稻吸收重金属的影响时，发现水稻秸秆炭和稻壳炭虽然均可以促进水稻根表铁膜的增加，但是各类生物质炭对根表铁膜吸附重金属的影响却并不相同，水稻秸秆炭可以使铁膜上 Pb 的含量显著增加，细粒径的稻壳炭不仅增加了铁膜上 Pb 的含量，同时也促进了其对 Cd 的截获，而稻壳炭对铁膜上重金属含量的影响并不显著。

生物质炭对植物吸收富集重金属的影响还与生物质炭的施用量密切相关。稻总吸镉量和籽粒中 Cd 的浓度，均随着生物质炭施用量的增加而减少，最大施用量为 40 t/hm² 时，水稻籽粒中 Cd 浓度比对照降低了61.9%。在研究芒草秸秆生物炭对黑麦草影响时发现，1% 的施入量对植株地上部重金属含量总体影响不显著，但是当生物炭施用量为 5% 和 10% 时，黑麦草地上部 Cd、Pb、Zn 的浓度均随着生物炭施用量的增加而明显降低。

生物质炭对作物吸收重金属的影响，还与土壤重金属种类及含量有关。当土壤中 Cd 浓度为 10 mg/kg 时，生物质炭对灯芯草地上、地下部 Cd 浓度并没有显著影响，但当土壤中 Cd 的浓度达到 50 mg/kg 时，即使只添加少量（0.5%）生物质炭，也能明显降低植物体内 Cd 的浓度，并能有效地阻止 Cd 从地下向地上部转移。这可能是因为土壤中重金属的总量和各形态之间存在着一定的动态平衡关系，重金属含量高的土壤，其有效态含量也相对较高，生物质炭能够明显降低重金属的生物有效性，从而减少作物吸收重金属。生物质炭对油菜吸收富集重金属的影响，不仅与重金属有关，还因土壤条件而异。研究发现，生物质炭显著降低了生长在 pH 较低的龙岩土壤中的油菜可食部分 Cd、As、Pb 的富集系数，并且随着生物质炭用量增加，富集系数减少的幅度增大；但同样的生物炭对种植在郴州土壤中油菜重金属富集系数影响就很小，甚至还提高了 As 的富集系数。

不同种类的植物选择吸收元素的性能不同，因此，生物质炭对植物吸收富集重金属的影响也因植物种类而异。一般而言，植物累积重金属能力的顺序为豆科＜伞形科和百合科＜菊科和藜科。某些植物能够吸收并富集大量的重金属，其体内重金属含量可比常规植物高 100 倍以上，这类植物称为重金属超累积植物，如 As 超累积植物蜈蚣草、Cd 和 Zn 超累积植物东南景天、Cu 超累积植物海州香薷等。蔬菜类植物中茄子、甜椒、番茄等茄果类吸收 Cd 的能力最强，其次为莴笋、甘蓝等叶菜类，瓜类和豆类蔬菜吸收 Cd 的能力最弱。比较了两种十字花科蔬菜圆萝卜和小青菜在镉污染土壤中吸收 Cd 的能力及其对生物质炭添加的响应，发现生物质炭不仅能够提高两种蔬菜的生物量，还能使其可食部分 Cd 含量分别减少 81.21% 和 83.04%，并且达到食用标准。油菜也是一种具有较高重金属累积能力的蔬菜，生物质炭可降低油菜可食部分 Cd、Pb 的含量，并达到国家标准，可见生物质炭对于重金属高累积植物吸收富集重金属具有良好的抑制作用。

东南景天与大豆、玉米混种后，其地上部 Zn 和 Pb 的含量分别比单种时增加了 13%、22% 和 11.5%、24%，但与黑麦草混种时，东南景天对重金属的吸收却没有显著的变化；与东南景天不同的是，混种体系中玉米和黑麦草对 Cd、Zn 的吸收显著降低，大豆对 Pb 的吸收也显著降低。可见，通过混作可以增强超累积植物对重金属的吸收，同时减少其他植物对重金属的富集，从而达到一举多得的作用与效果。但目前有关生物质炭在互作体系中作用的研究还很欠缺，非常值得进行深入的探索。

（二）生物质炭对重金属在植物体内分布的影响

土壤中的重金属主要通过质外体或共质体两种途径，以离子或小分子螯合物形态进入植物根系细胞；而大气中的重金属通过沉降作用，经叶片气孔进入植物叶肉细胞。进入植物体内的重金属，大多与细胞中的金属硫蛋白、植物络合素等结合形成稳定的络合物，从而限制重金属向植物地上部的迁移，只有少量穿过细胞膜，会再分配到其他细胞、组织和器官。一般而言，植物各器官的重金属含量顺序如下：根＞茎＞叶＞籽实，但也因植物种类、吸收部位、重金属特性和土壤环境条件等多种因素而异。对于豆科作物和某些水生植物而言，Cd 主要积累在根系中；而烟草、菠菜体内的 Cd 则集中在叶片。由于 Pb 很难被输送至地上部，因此植物体内超过 90% 的 Pb 都保留在根系。As 大部分保留在根系内皮层、中柱鞘和木质部薄壁组织的液泡中，向地上部转移的数量很少。

生物质炭不仅影响植物对重金属的吸收和富集，还对重金属在植物体内的再分配也产生一定的影响。向矿区土壤施用水稻秸秆生物质炭能够降低 Cd 和 Pb 从水稻根系向地上部转移的系数。向某冶金厂附近 Cd 污染稻田中施入小麦秸秆生物质炭，可显著降低糙米中 Cd 的含量，并且下降程度随着生物质炭施用量的增加而增大，当施用量为 40t/hm。时，Cd 浓度比未施生物质炭对照降低了 61.9%。施用棉秆生物质炭后，小白菜可食部分 Cd 含量降低 49.43%～68.29%。施用水稻秸秆生物质炭使油菜可食用部分 Pb 含量显著降低。

生物质炭对重金属在植物体内分布的影响也因生物质炭、重金属及植物种类等而异。施用甘蔗秸秆生物质炭，虽然降低了洋刀豆对重金属 Pb、Cd、Zn 的吸收，但并未抑制重金属在植物体内的迁移，大部分重金属（尤其是 Cd）仍然运送至地上部。生物质炭通常会提高土壤中 As 的生物有效性，却发现尽管施用果树生物质炭提高土壤孔隙水中 As 浓度，但是番茄苗根系和地上部中 As 的浓度却分别下降了 68% 和 80%。

施用生物质炭对植物体内重金属分布的影响比较复杂，有正负两个方面的报道，且其机制尚不明确，可能与生物质炭的性质有很大的关系。生物质炭含有丰富的硅，这些硅可被植物吸收，并可能与进入植物体的重金属结合，沉淀在根系内皮层，从而阻碍重金属由质外体向植物其他部位迁移。重金属与硅的结合也可能发生在根的中柱鞘上，这对植物抵抗 Cd、Zn 等重金属的胁迫具有重要的意义，对于经由叶片进入植物体内的重金属，认为在植物叶片的外皮层，也可形成重金属硅酸盐沉淀。水稻体内重金属的转移与土壤孔隙水中 Si 的含量密切相关，Cd 和 Pb 从水稻叶向茎的迁移系数与茎中 Si 的含量呈显著的负相关。此外，也有报道称 Ca 在植物抑制重金属吸收甚至解除重金属毒害过程中起着重要的作用。施用甘蔗秸秆炭导致植物叶片靠近维管束的叶肉中出现了草酸钙晶体，但其对重金属吸收富集的影响以及结晶的形成是否与生物质炭有关，目前尚不明确。

第三章　重金属污染土壤的生物修复技术

第一节　重金属污染土壤的植物修复技术

一、植物修复技术的类型与特点

植物修复技术是一门依据特定植物对某种污染物的吸收、超量积累、降解、固定、转移、挥发及促进根际微生物共存体系等特性，利用在污染地种植植物的方法，实现部分或完全修复土壤污染、水污染和大气污染目标的环境污染原位治理技术。简言之，植物修复技术是利用植物去除环境中有害元素的方法。

（一）植物修复技术的类型

根据植物修复技术的定义，可将植物修复技术分为植物萃取、根际过滤、植物降解、植物挥发、植物固定、植物刺激等类型。

第一，植物萃取。利用重金属超富集植物对土壤中重金属的超量积累并向地上部转运的功能，然后通过收割植物地上部，将土壤中的重金属去除的方法。

第二，根际过滤。根际过滤是在植物根际范围内，借助植物根系生命活动，以吸收、富集和沉淀等方式去除污染水体中的污染物的植物修复技术。

第三，植物降解。植物降解是指植物本身通过体内的新陈代谢作用或借助于自身分泌的物质（如酶类），将所吸收的污染物在体内分解为简单的小分子（如 CO_2 和 H_2O），或转化为毒性微弱甚至无毒性形态的过程。

第四，植物挥发。植物挥发是利用植物将污染物吸收到体内后，将其降解转化为气态物质，或把原先非挥发性的污染物转变为挥发性污染物，再通过叶面释放到大气中。

第五，植物固定。植物固定是指利用植物活动降低污染物在环境中的移动性或生物有效性，达到固定、隔绝、阻止其进入地下水体和食物链，以减少其对生物与环境污染的目的。

第六，植物刺激植物刺激是指通过根际范围内植物的活动刺激微生物的生物降解的植物修复过程。根际的植物修复可增加土壤有机质含量、细菌和菌根真菌数量。反过来，这些因子又有利于土壤中有机化合物的降解。

（二）植物修复技术的特点

植物修复技术具有两面性，既有优点也有缺点。

植物修复技术的优点主要表现为：①处理成本低廉；②原位修复，不需要挖掘、运输和巨大的处理场所；③操作简单，效果持久，如植物固化技术能使地表长期稳定，有利于生态环境改善和野生生物的繁衍；④安全可靠；⑤修复过程中土壤有机质含量和土壤肥力增加，被修复过的干净土壤适合于多种农作物生长；⑥植物修复对环境扰动少，不会破坏景观生态，能绿化环境，有较高的美化环境价值，容易为大众和社会所接受。

植物修复技术的缺点主要表现为：①修复速度慢；②对土壤类型、土壤肥力、气候、水分、盐度、酸碱度、排水与灌溉系统等自然和人为条件有一定要求；③超富集植物对重金属具有一定的选择性；④富集了重金属的超富集植物若处置不当，则会重返土壤；⑤污染物必须是植物可利用态，并且植物修复土壤和水污染时，污染物只能局限在植物根系所能延伸到的区域内，一般不超过20cm的土层厚度，才能被有效清除；⑥要针对不同污染状况的环境选用不同的植物生态型；⑦异地引种对生物多样性的威胁，也是一个不容忽视的问题。

二、植物修复技术的原理与方法

在重金属污染土壤的植物修复中，常用的植物修复类型主要有植物萃取、植物固定和植物挥发等，下面将分述各类型的原理和方法。

（一）植物萃取

植物萃取的原理主要是运用重金属超富集植物对重金属的超强吸收、转运和富集能力，将土壤中的重金属转移到植物地上部，通过收割地上部后使土壤中重金属含量降低，植物收获物再进行必要的后处理。

1. 超富集植物的定义

植物萃取成败的关键是找到合适的重金属超富集植物。超富集植物的标准不应该根据整株植物或根部的金属含量来确定，在很大程度上因为难以保证样品不受土壤污染（如根部不易清洗干净），而且与将金属固定在根部而不能进一步向上转运的植物相比，主动富集金属到地上部各组织中的植物更能引起人们的兴趣。这个详细的定义还澄清了以下问题：①某种植物一些样本超过 1000mg/kg，而另一些小于 1000mg/kg（干重）；②除叶片外（如乳汁）的植物组织含有高含量金属；③在人为条件下（如通过添加大量金属盐到试验土壤或营养液中），某种植物吸收高含量的金属。能称为"超富集植物"的是上述第 1、第 2 两种情况，不是第 3 种。因为在第 3 种情况下，"被迫的"金属吸收可能导致植物死亡而不能像自然种群一样完成生命周期。对于真正的超富集植物，在非抑制生长的环境，其地上部金属含量超过规定的浓度阈值是非常重要的。可见，他们很重视"自然生长地"和"植物健康生长"这两个重要环节。

对于超富集植物，除地上部要达到所要求的特征外，有人提出需要考虑以下两个系数：一个是富集系数，即植物体金属含量与土壤含量之比，以表征植物从土壤中去除金属的有效性；另一个是转运系数，即植物地上部金属含量与根部含量之比，以显示根部吸收的金属向地上部的转运能力。他们认为这两个系数均大于 1 并且地上部 As 含量达到 1000mg/kg 的植物，才是重金属超富集植物。最先定义超富集植物是从 Ni 开始的，后来，其他金属的超富集特征阈值也相继给出。现在普遍认为 Ni、Cu、Pb、Co 和 Cr 为 1000mg/kg（干重），Zn 和 Mn 为 10000mg/kg（干重），Cd 和 Se 为 100mg/kg（干重），Hg 为 10mg/kg（干重），Au 为 1mg/kg（干重）。这些阈值基本上是正常非超富集植物地上部相应金属含量的 100 倍以上。

2. 植物超富集重金属的机理

（1）根对重金属的强吸收和从根到茎叶的快速转运。

超富集植物被发现后，人们围绕其超富集机理进行了大量研究。根对砷的强吸收、有效的砷从根向地上部转运以及通过体内解毒形成的砷耐性是蜈蚣草超富集砷的主要机制。将蜈蚣草（*Pteris vittata*）和同属的非超富集植物澳洲凤尾蕨（*Pteris tremula*）分别放入含砷酸盐 $5\mu mol/L$ 的培养液，经过 8h 的培养后，蜈蚣草吸收液中的砷酸盐浓度降低至 $2.2\mu mol/L$，但澳洲凤尾蕨吸收液中仅降低至 $3.9\mu mol/L$；累积砷吸收曲线虽然两种植物在最初的 7h 都是线性的，但蜈蚣草的斜率更大，砷吸收速率是澳洲凤尾蕨的 2.2 倍。

（2）较强的抗氧化能力。

重金属超富集植物往往比非超富集植物具有较高的抗氧化能力。镉胁迫下镉超富集植物龙葵（*Solanum nigrum*）和非超富集植物水茄（*Solanm torvum*）的生理反应，发现与非超富集植物相比，在 $50\mu mol/L$ $CdCl_2$ 溶液中培养 24h 后，龙葵根或叶的超氧化物歧化酶（SOD）、过氧化氢酶（CAT）、抗坏血酸过氧化物酶（APX）和谷胱甘肽还原酶（GR）的活性均较高，但过氧化物酶（POD）有所降低。

（3）植物螯合素的生成。

研究表明，重金属胁迫下，生物体内能诱导出两种特殊的小分子蛋白质金属硫蛋白（MTs）和植物螯合素（PCs），它们能与金属螯合，从而起到解毒作用。MTs 是一种小分子量富含半胱氨酸的蛋白质，首先在马肾脏内质中发现，主要存在于动物和一些真菌中，植物中仅在小麦和十字花科鼠耳芥属植物中证实，但在其他植物中很难检测到。因此对该领域的研究主要集中在富含巯基的 PCs 上，其通常的结构式为 $(\gamma\text{-Glu-Cys})_n\text{Gly}$，$n=2\sim 11$（如 PC_2、PC_3、PC_4）。

活性氧自由基除导致上述酶抗过氧化物生成外，还会产生一类小分子量非酶抗过氧化物，如谷胱甘肽（GSH）和抗坏血酸盐等。谷胱甘肽正是 PC 合成的前体物质，PCs 就是在 y-Glu-Cys-二肽转肽酶（即 PCs 合成酶）的作用下，通过谷胱甘肽生成。

一般认为，PCs 的合成是植物耐 As 的一个主要机制。对来自金属和非金属矿区两种植物的不同种群研究表明，经 As 处理后，均能诱导 PCs 的生成，这种诱导作用能被 PCs 合成酶抑制剂所抑制，从而造成对 As 的高敏感。但是，与非矿区植物相比，矿区植物诱导所形成的PCs更长、更多，可能是由于对砷酸盐富集的时间格局不同造成的。

目前，已有一些对As胁迫下As超富集蜈蚣草体内是否有PCs生成的研究。有学者用反相高效液相色谱柱后衍生法在As处理下从蜈蚣草小叶中分离到一个巯基，后从1kg小叶（鲜重）纯化出2mg。经电喷雾电离质谱进行特征分析，发现该砷诱导的巯基是带两个亚单位的PC，即PC_2。然而PC_2结合的As非常少，在蜈蚣草对As的超富集中，它的合成可能只是一种次要的解毒机制，不依赖PC的机制似乎才是主要的。随后，在蜈蚣草小叶中又分离到一种有待证实的巯基，只有As胁迫下才生成，其浓度与小叶As浓度存在明显的正相关。

值得注意的是，叶轴中该巯基浓度低，而在根中检测不到，并且其他金属元素（Cd、Cu、Cr、Zn、Pb、Hg和Se）不能诱导该巯基的合成，表明其是砷胁迫下的特异产物；进一步用离子交换色谱-氢原子发生-原子荧光光谱（AEC-HG-AFS）和尺寸排阻色谱-氢原子发生-原子荧光光谱（SEC-HG-AFS）的研究表明，这可能是一种砷复合物，但其在不同pH值下稳定和电荷状态等色谱特征显示，它不同于原先发现的PC_2，即不是$AsIll_{-p}P_2$复合物。该复合物对温度和金属离子敏感，在pH值为5.9的缓冲液中呈中性。

至于As-PC复合物在细胞中的定位，目前尚不十分清楚，研究较为清楚的是Cd-PC复合物：Cd^{2+}进入植物细胞后，击发了先天性的PC合成酶，使GSH转变为PC，Cd^{2+}-PC复合物主动进入液泡，其在液泡中最终分离，Cd^{2+}储存在液泡中而PC被降解。对蜈蚣草叶片的能量色散X线微分析表明，As主要分布在上、下表皮细胞，可能在液泡中。As-PC复合物可能存在于液泡中，那里的酸性环境有利于该复合物的稳定。

（4）有机酸的生成。

有机酸与植物体内重金属的运输和储存有关，其与植物重金属耐性关系已有很多报道。有机酸与潜在的毒性金属离子结合后，运输至液泡中，这种细胞区室化作用降低了金属离子的活性。

（5）根际微生态。

根际由于土壤、根系和土壤微生物等的相互作用，形成了一个特殊的微生态环境。超富集植物根际能增强金属离子的可溶性，使得Zn超富集植物遏蓝菜表现出从Zn稳定态的土壤中极强地提取Zn。另外，根系与共生真菌形成的菌根对植物的养分分配也可能起到重要作用，如菌根的形成能为植物获取更多的磷。

（6）植物超富集重金属的分子机理。

随着分子生物学和基因工程技术的发展，目前已有一些通过转基因技术增强植物砷耐性和富集特性的报道。将大肠杆菌中编码 γ-谷氨酰半胱氨酸合成酶（γ-ECS）的基因转至拟南芥中，与野生型相比，表现出中等强度的砷耐性；他们还发现，该基因与 E. coli 中编码砷还原酶的基因 ar-sC 在 A. thaliana 中共表达后，植物表现出极强的砷耐性，并能使地上部富集 2～3 倍的砷，而单一的 arsC 表达由于有亚硝酸盐生成，导致植物对砷酸盐高敏感。

（二）植物固定

当土壤重金属处于重度污染时，用植物萃取方法进行修复的难度就很大，一方面，土壤中有大量重金属需要去除；另一方面，植物本身的重金属富集量和生物量有限。此时，可以通过运用植物对重金属的排斥原理，在污染土壤上种植对重金属不吸收或吸收少的重金属耐性植物，以防止重金属的扩散。

植物固定在植物修复中有 3 个优点：

第一，可以通过植物的固定作用，防止水土流失，减少土壤侵蚀，从而减少重金属在土壤环境中的迁移。

第二，通过分泌特殊的物质，将土壤重金属更多地转化为稳定态，以减少其植物有效性。

第三，植物还可以通过分泌特殊物质来改变根基周围的土壤环境，以降低重金属的毒性。如六价铬（Cr^{6+}）具有较高的毒性，而通过转化形成的三价铬（Cr^{3+}）溶解性很低，且基本没有毒性。

植物固定技术虽然减少了重金属向植物中的迁移，但未能彻底将重金属从土壤环境中去除，当周围环境条件改变或人为活动介入时，就可能复发，重新造成进一步的污染。相对于重金属超富集植物，植物固定技术中所需的修复植物种类就更多，它们虽然不能将土壤中的重金属元素去除，但能通过发生化学形态的变化使其在土壤中固定，将植物可吸收态转变成难利用态，从而抑制了植物对重金属的吸收。

植物本身可以通过根系分泌一些 OH^-，从而改变根际 pH 值。通过盆栽实验种植砷超富集植物蜈蚣草（P. vittata）和非超富集植物波士顿蕨（N. exaltata），并以无植物作对照，测定了总土和根际土的 pH 值，发现 3

种处理中，植物对总土 pH 值无显著影响，但是蜈蚣草根际 pH 值为 7.66，N. exalta 根际为 7.18，比无植物的对照分别高 0.4 和低 0.13。

除重金属耐性植物选择外，为了使土壤中的重金属固定，可以通过向土壤中添加化学或生物钝化剂减少土壤中重金属的生物有效态，一方面减少了土壤溶液中重金属向植物根的迁移积累；另一方面将重金属离子固定在土壤中。在铜尾矿土壤中添加绿肥、绿肥＋污泥、石灰和磷酸二锰后种植莴苣，发现莴苣中 Cu、Fe、Pb、Zn 等元素的含量显著降低。

（三）植物挥发

植物挥发主要针对有机污染物和一些容易挥发重金属元素（如 As、Se、Hg 等）的植物修复。在重金属污染土壤的植物挥发修复中，植物或根际微生物将容易挥发的重金属元素吸收、分解后，将其转变为可挥发态，再溢出土壤和植物表面，达到治理土壤重金属污染的目的。但是，植物挥发技术没有将污染物完全去除，只是将污染物从一种介质（如土壤）转移到另一种介质（大气），污染物仍然存在于环境中。因此，植物挥发在植物修复技术中争议最大。

1. 砷污染土壤的植物挥发修复

植物对砷的转化过程中存在甲基化作用。当外源砷（无机砷）进入生物体内后，在特定的酶作用下会生成单甲基砷（MMA）和二甲基砷（DMA）。有研究发现，在只含有无机砷的培养液中生长的植物，其木质部和组织中均能发现甲基砷。有些陆生植物中含有甲基砷，比如陆生的菌类能够从无机砷中生物合成 MMA、DMA 等有机砷化合物。在低浓度无机砷处理时，水稻的根和茎中也有 DMA，而稻田中主要存在的是无机砷，并且不同水稻品种甲基化砷的能力差异显著。微生物可将无机砷转化为毒性较低的单甲基砷酸（MMAA）、二甲基砷酸（DMAA）、三甲基砷氧（TMAO）以及无毒的芳香族化合物 arsenocholine（AsC）和 arseno-betaine（AsB）。甲基砷酸又可在某些微生物作用下分别转化为砷化氢的甲基化衍生物 MMA、DMA 和三甲基砷（TMA）。甲基砷的沸点较低，很容易挥发进入大气。

2. 硒污染土壤的植物挥发修复

硒的化合物形态对人的毒性最强，其中以硒酸和亚硒酸盐最大，其次为硒酸盐，元素硒的毒性最小。硒以硒酸盐、亚硒酸盐和有机态硒为植物所吸收。能挥发硒的植物主要是将毒性大的化合态硒转化为基本无毒的二甲基硒。

从硒酸盐到二甲基硒（DMSe）的转化主要有 5 步：①硒酸盐与 ATP 结合成活性态的 5′-磷酸硒腺，随后可能通过非酶反应还原为亚硒酸盐；②亚硒酸盐在还原型谷胱甘肽参与下，通过非酶还原为硒代三硫化物，该化合物后经两步运用 NAPDH 的反应还原为硒化物；③无机硒化物通过半胱氨酸合成酶转变成硒代半胱氨酸；④硒代半胱氨酸转变成硒代蛋氨酸；⑤硒代半胱氨酸甲基化为甲基硒代蛋氨酸硒盐导致最后一步过程，即甲基硒代蛋氨酸硒盐裂解为二甲基硒和高丝氨酸。

在硒超富集植物中，这一过程被认为到第三步（硒代半胱氨酸生成）之前与一般植物是一致的，所不同的是，在硒代半胱氨酸这个点上，硒代半胱氨酸经过两次甲基化生成气态的二甲基二硒（DMDSe）。DMSe 和 DMDSe 均容易挥发，DMSe 是挥发的主要形式，占 90% 以上。二甲基二硒毒性只有无机硒的 0.3%～0.5%，即毒性降至 1/700～1/500。

3. 汞污染土壤的植物挥发修复

汞是一种对环境危害大的易挥发重金属，在土壤中以多种形态存在，如无机汞（$HgCl$、HgO、$HgCl_2$）、有机汞（$HgCH_3$），一些细菌可将甲基汞和离子态汞转化为毒性小、可挥发的单质汞，从污染土壤中挥发至大气中。由于单质汞（Hg^0）的易挥发特性，可运用转基因技术把植物从土壤中吸收的汞在体内转化为易挥发的 Hg^0 后，通过叶片蒸腾作用将 Hg^0 挥发到大气中，以达到对汞污染土壤修复的目的。

第二节　重金属污染土壤的微生物修复技术

一、微生物修复的概念与特点

（一）土壤微生物的种类与功能

土壤微生物包括与植物根部相关的自由微生物、共生根际促生细菌、菌根真菌，它们是根际生态区的完整组成部分。土壤微生物是土壤中的活性胶体，与动植物相比，具有个体微小、比表面积大、代谢能力强、种类多、分布广、适应性强、容易培养等优点，这造就了其在物质循环的独特地位。环境中重金属离子的长期存在使自然界中形成了一些特殊微生物，不能降解和破坏重金属，但可通过改变它们的化学或物理特性而影响金属在环境中的迁移与转化，因而，微生物在修复重金属污染土壤方面发挥着独特的作用。微生物通过胞外络合作用、胞外沉淀作用及胞内富集来实现对重金属的固定作用，如细胞壁的亲和性可将重金属螯合在细胞表面；微生物可以通过各种代谢活动产生多种低分子有机酸，直接或间接溶解重金属或重金属矿物来降低土壤中重金属的毒性。微生物的代谢活动也可以通过其氧化还原作用改变变价金属的存在状态，降低这些重金属元素的活性；微生物还可以改变根系微环境，从而提高植物对重金属的吸收、挥发或固定效率。

植物根际是指紧密环绕植物根部，且植物对其生物、化学和物理特性影响较大的区域。植物根际的微生物多而活跃，构成了根际特有的微生物区。细菌是根际圈中数量最大、种类最多的微生物，其个体虽小，但却是最活跃的生物因素，在有机物分解和腐殖质的形成过程中起着决定性作用。根际圈内细菌有3种存在方式：①能与植物根系共生的如根瘤菌等细菌；②生长于根面的细菌；③根系周围的细菌。细菌可以通过多种直接或间接作用影响环境中重金属的活性，如细菌可以通过电性吸附和专性吸附直接将重金属富集于细胞表面，生物沉淀作用可固定胞外重金属离子；细菌的氧化还原作用可以改变变价重金属离子的价态，改变环境中重金属的形态及其在固液体系的分配，降低重金属在环境中的毒性或促进超富集植物对重金属离子的吸收；淋滤作用可滤除污染环境中的重金属。可见合理利用细菌的这些作用，可以有效地进行环境重金属污染的生物修复。

其中，植物促生菌（PGPR）是指自由生活在土壤或附生于植物根际的一类可促进植物吸收利用矿物质营养、防治病害、促进生长及增加作物产量的有益微生物，一般具有固氮、解磷、释钾、产生植物激素和分泌抗生素等能力或具有其中之一的能力。PGPR主要通过分泌特异性酶、植物激素和抗生素以及由N的固定产生的含Fe细胞、螯合物和植物病原体抑制物质等来促进植物的生长，以及通过合成能够水解的1-氨基环丙烷-1-羧酸酯（ACC）脱新基酶来调节乙烯的水平。研究表明，从蛇纹石土壤中分离的细菌菌株PsM6和PMjl5利用1-氨基环丙烷-1-羧酸作为氮源，能够促进磷酸盐的溶解和吲哚乙酸的产生；而从重金属污染土壤中分离得到的菌株 J62 能够产生吲哚乙酸，含 Fe 细胞和 1-氨基环丙烷-羧酸脱氨，同时也能够促进无机磷酸盐的溶解，接种该菌体的土壤能够明显提高玉米和西红柿的生物量。此外，接种 *Variovorajc paradoxus* 5C-2 或由 PGPR 产生的 1AA 能够刺激植物甘蓝型油菜根的延长或通过增加大麦中 P、K、S 和 Ca 的含量而促进植株的生长。可见，具有易得且成本低的 PGPR，应用于重金属污染土壤的修复将有很好的前景。

此外，微生物与高等植物的共生是自然界普遍存在的一种现象，而高等植物与丛枝菌根（AMF）的共生是真菌与高等植物之间具有重要理论和应用意义的共生体系之一。据估计，地球上有占总种数 3% 的植物具有外生菌根，有 94% 的植物具有内生菌根，而农业和森林生态系统中，AMF 也可与 80%～90% 的地上植物根系形成共生关系。

在菌根共生体系中，AMF 从植物获得由光合作用所同化的有机营养，植物则通过真菌获得必需的矿质营养及水分等。

（二）微生物修复的概念与特点

微生物修复是指在人为优化的适宜环境条件下，用天然存在或培养的功能微生物群促进或强化微生物代谢功能，从而达到降低有毒污染物活性或降解成无毒物质以修复受污染环境的生物修复技术。由于微生物修复技术应用成本低，对土壤肥力和代谢活性负面影响小，可以避免因污染物转移而对人类健康和环境产生影响，因此已成为污染土壤生物修复技术的重要组成部分。

污染土壤的微生物修复技术主要有原位修复和异位修复两类。微生物原位修复技术是指不需要将污染土壤搬离现场，直接向污染土壤投放 N、P 等营养物质和供氧，促进土壤中土著微生物或特异功能微生物的代谢活性来降解或转化污染物。微生物原位修复主要包括生物通风法、生物强化法、土地耕作法和化学活性栅修复法等。微生物异位修复是把污染土壤挖出，进行集中生物处理的方法。微生物异位修复主要包括预制床法、堆制法及泥浆生物反应器法。从修复主体来看，笔者认为微生物修复又可分为常规微生物修复、PGPR 修复和 AMF 修复三个方面。

总之，微生物修复技术在土壤重金属污染治理方面展示出了低成本、高效率、无二次污染等方面的优势，有利于改善生态环境，且具有非常好的应用前景，成为了生物修复技术领域中的研究热点之一。

二、微生物修复技术的原理与方法

(一) 微生物固定

　　土壤中重金属离子有可交换态、碳酸盐结合态、铁锰氧化物结合态、有机结合态、残渣态 5 种形态，前 3 种形态稳定性差。土壤重金属污染物的危害主要来自前 3 种不稳定的重金属形态。微生物固定作用可将重金属离子转化为后两种形态或富集在微生物体内，从而使土壤中重金属的浓度降低或毒性减小。通常情况下，微生物对重金属进行生物固定作用主要包括生物富集、生物吸附、生物沉淀等方面。

1. 生物富集作用

　　土壤重金属的生物富集，一方面指重金属被微生物吸收到细胞内而富集的过程。细胞通过平衡或降低细胞活性得到平衡条件来对重金属产生适应性，不过微生物富集重金属还与金属结合蛋白和肽以及与特异性大分子结合有关。重金属进入细胞后，通过区域化作用分布在细胞内的不同部位，微生物可将有毒金属离子封闭或转变成为低毒的形式。微生物细胞内可合成金属硫蛋白，金属硫蛋白与 Hg、Zn、Cd、Cu、Ag 等重金属有强烈的亲和性，结合形成无毒或低毒络合物。酿酒酵母（S. cerevisiae）细胞内的谷胱甘肽与微生物对金属离子的摄取有关，谷胱甘肽（GSH）缺陷突变株富集 Se 和 Cr 的浓度是野生型菌株的 3 倍和 2 倍。

　　另一方面是一些真菌通过和植物根系形成菌根，把重金属富集在菌根内而降低了重金属在植物体内的迁移。如 AMF 中具有半胱氨酸配位体，对过量锌和镉有螯合作用，能形成"金属硫因类"结合物质，减轻重金属的毒害。

2. 生物吸附作用

　　当前，土壤重金属的生物吸附机理是利用土壤中微生物及产物或细胞壁表面的一些基团，如蓝细菌、硫酸还原菌以及某些藻类的活细胞和死细胞及其产生的具有大量阳离子基团的胞外聚合物如多糖、糖蛋白、多肽或生物多聚体等的高亲和性能，通过络合、螯合、离子交换、静电吸附、共价吸附等作用中的一种或几种与重金属相结合的过程。胞外聚合物（EPS）可快速固定 Mg^{2+}、Pb^{2+} 和 Cu^{2+}，对 Pb^{2+} 具有更高的亲和力。最近研究发现，不同类型的细菌与重金属离子的结合位点也各不相同，如革兰氏阳性菌的结合位点是肽聚糖，革兰氏阴性菌的是磷酸基，真菌的是几丁质。大量研究表明，细菌及其代谢产物对溶解态的金属离子有很强的络合能力，这可能由于细胞壁带有负电荷而使整个细菌表面带负电荷，以及细菌的产物或细胞壁表面的一些基团如—COOH、—NH$_2$、—SH、—OH 等阴离子可以增加金属离子的络合作用。

自 19 世纪人们发现真菌能够吸附环境中的重金属离子以来，陆续发现赤霉、出芽短梗霉、丝状真菌、酿酒酵母及一些腐木真菌对重金属的抗性和吸附性。在重金属污染区域，由于真菌对重金属耐性较强，有时可成为占有优势的生物种群。目前，研究较多的真菌是酿酒酵母、青霉菌、黑曲霉等。真菌对重金属的吸附主要通过其细胞壁上的活性基团（如巯基、羧基、羟基等）与重金属离子发生定量化合反应而达到吸收的目的，且真菌细胞壁各组分对有毒重金属的吸附能力顺序依次为几丁质＞磷酸纤维素＞羟基纤维素＞纤维素。

3. 生物沉淀作用

土壤重金属的生物沉淀是指微生物产生的某些代谢产物与重金属结合形成沉淀的过程。在厌氧条件下，硫酸盐还原菌中的脱硫弧菌属和肠状菌属可还原硫酸盐生成硫化氢，硫化氢与 Hg^{2+} 形成 HgS 沉淀，抑制了 Hg^{2+} 的活性。某些微生物产生的草酸也与重金属形成不溶性草酸盐沉淀。

（二）微生物转化

微生物对重金属进行生物转化作用主要包括生物溶解、氧化-还原、甲基化和脱甲基化等作用，使重金属形态或价态发生改变而降低重金属的生态毒性或清除土壤中的重金属。土壤中的一些重金属元素以多种价态和形态存在，不同价态和形态的溶解性和毒性不同，通过微生物的氧化还原和去甲基化等作用可改变其价态和形态而改变其毒性和移动性。

1. 生物溶解作用

微生物对土壤重金属的溶解主要通过各种代谢活动直接或间接进行，可表现为重金属生物有效性的提高。重金属的生物有效性除与土壤中重金属含量直接相关外，还与土壤 pH 值、氧化还原电势、有机物和根际环境等其他因素有关。根际微生物可以通过分泌生物表面活性剂，有机酸、氨基酸和酶等来提高根际重金属的生物有效性。土壤中根际细菌（如 *Azotobacter chroococcum*、*Bacillus megaterium*、*Bacillus mucilaginosus*）可能通过分泌低分子量的有机酸来降低土壤的 pH 值，从而提高金属 Cd、Pb、Zn 的生物有效性。在酸性条件下微生物通过代谢产生的有机物能有效地将 Al、Fe、Mg、Ca、Cu、U 等溶解，溶解出来的元素以金属-有机酸络合物形式存在，这些有机配体包括乙二酸、琥珀酸、柠檬酸、异柠檬酸、阿魏酸、羟基苯等。此外，土壤微生物能够利用有效的营养和能源，在土壤滤沥过程中通过分泌有机酸络合并溶解土壤中的重金属，如氧化硫杆菌、氧化亚铁杆菌等可以通过提高氧化还原电位、降低酸度等作用滤除土壤中的重金属。在营养充分的条件下，微生物可以通过低分子有机酸的作用促进 Cd 的淋溶；比较不同碳源条件下微生物对重金属的溶解发现，添加有机物作为微生物碳源可促进重金属的溶解。

真菌也能借助有机酸的分泌活化某些重金属离子。真菌可以通过分泌氨基酸、有机酸及其他代谢产物溶解重金属及矿物。菌根真菌还能以其他形式如离子交换、分泌有机配体、激素等间接活化土壤重金属而影响植物对重金属的吸收，如在接种外生菌根真菌（*Paxillus involutus*）的土壤上，可萃取的 Cd、Cu、Pb 和 Zn 的含量得到明显提高。

2. 生物的氧化-还原作用

土壤中的重金属元素如 As、Cr、CO、Au 等为变价金属，它们以高价离子化合物存在时溶解度通常较小，不易发生迁移，而呈低价离子化合物存在时溶解度较大，较易发生迁移。某些细菌产生的特殊酶能对 As^{5+}、Fe^{2+}、Hg^{2+}、Hg^{+} 和 Se^{4+} 等元素有还原作用，而某些自养细菌如硫-铁杆菌类能氧化 As^{3+}、Cu^{+}、Fe^{2+} 等。生物还原或氧化作用是微生物中将土壤中的重金属 As、Hg、Se 等还原成单质气态物挥发、Cr^{6+} 还原成 Cr^{3+}、Fe^{3+} 还原成 Fe^{2+}、Mn^{4+} 还原成为 Mn^{3+}、硫酸盐形式的 S^{6+} 还原为 S^{2-}（H_2S）等，或通过土壤中的硫酸根等物质的还原使重金属 Cd、Pb 等形成硫化物沉淀而降低其毒性，或氧化无机砷成挥发性有机砷而降低其毒性。其中的硫还原过程是硫还原细菌在同化过程中利用硫酸盐合成氨基酸如胱氨酸和蛋氨酸，再通过脱硫作用使 S^{2-} 分泌于体外后可以和重金属如 Cd^{2+} 形成沉淀。

此外，有些微生物通过自身活动可改变环境中溶液的特性（如 pH 值等），从而进一步改变环境对有毒重金属的特征，如高浓度重金属污泥中加入适量的硫，部分微生物如嗜酸硫杆菌即可把硫氧化成硫酸盐，以降低污泥的 pH 值，提高重金属的移动性。在 *Pseudomonas aeruginosa* 和 *Pseudomonas fluorescens* 存在下，土壤 Pb 的可交换态浓度大幅增加，而相应碳酸盐结合态随之减少，这可能与上述微生物结构上产生的含 Fe 细胞提高了 Pb^{2+} 的移动性有关。此外，嗜酸铁氧化细菌（如氧化亚铁硫杆菌、氧化亚铁钩端螺旋杆菌等）能够通过氧化 Fe^{2+}，还原态 S（如 H_2S 和 $S_2O_3^{2-}$ 等）和金属硫化物来获得能源。这些转移方式可暂时或永久地将金属从生物接触的环境中清除出去。

另外，微生物还可以通过对阴离子的氧化，释放与之结合的重金属离子，如氧化铁-硫杆菌能氧化硫铁矿、硫锌矿中的负二价硫，使元素 Fe、Zn、Co、Au 等以离子的形式释放出来。

3. 生物的甲基化和脱甲基化作用

生物甲基化或脱甲基化是利用微生物将土壤中的重金属甲基化（如 Se）或脱甲基化（如 Hg），从而降低重金属的毒性并通过挥发途径来修复污染土壤。微生物对重金属进行甲基化和脱甲基化，其结果往往会增加该金属的挥发性，改变其毒性。甲基汞的毒性大于 Hg^{2+}，三甲基砷盐的毒性大于亚砷酸盐，有机锡毒性大于无机锡，但甲基硒的毒性比无机硒化物要低。假单胞菌属能够使许多金属或类金属离子发生甲基化反应，从而使金属离子的活性或毒性降低。

（三）微生物强化

微生物强化技术是向重金属污染土壤中加入一种高效修复菌株或由几种菌株组成的高效微生物组群来增强土壤修复能力的技术。高效菌株可通过筛选培育或通过基因工程构建，也可以通过微生物表面展示技术表达重金属高效结合肽而获得。基因工程由于可以打破种属界限，把重金属抗性基因或编码重金属结合肽的基因转移到对污染土壤适应性强的微生物体内而构建高效菌株。微生物表面展示技术可以把编码重金属离子高效结合肽的基因通过基因重组的方法与编码细菌表面蛋白的基因相连，重金属离子高效结合肽以融合蛋白的形式表达在细菌表面，可以明显增强微生物的重金属结合能力，这为重金属污染的防治提供了一条崭新的途径。关于高效菌株的筛选培育，国外对重金属污染土壤中土著降解菌的筛选及其应用已有较深入的研究，如发现在 Zn、Ni 污染土壤生长的超富集植物遏蓝菜和庭芥属植物的根际土壤中分别存在大量具有金属抗性的微生物，而 Cu 污染土壤上的芦苇根际环境则存在着大量的耐 Cu 细菌等。随后从重金属污染土壤中筛选分离出土著微生物，将其富集培养后再投入到原污染的土壤的技术，因为筛选、富集的土著微生物更能适应原土壤的生态条件，进而更好地发挥其修复功能。目前，有关重金属污染土壤的生物强化修复技术中受到广泛关注的是 PGPR 修复、AMF 修复及微生物表面展示技术。

第四章　生态农业及其绿色发展的基础条件

第一节　生态农业的内涵与特征

一、生态农业的概念及内涵

（一）生态农业的概念

第一，生态农业是对农业的生态本质最充分的体现和表述，是生态型集约化的农业生产体系。它要求人们在发展农业过程中，以生态学和生态经济学原理为指导，尊重生态自然规律和生态经济规律，保护生态，培植资源，防治污染，提供清洁食物和优美的环境，它是把农业发展建立在健全的生态基础之上的一种新型农业。

第二，生态农业不仅是农业生态质量充分体现的生态化农业，还是一种科学的人工生态系统和科学化农业。因此，生态农业的本质是生态化和科学化的有机统一。生态农业的经济实质是在保持农业生态经济平衡的条件下，依靠吸取一切能够发展农业生产的新技术和新方法，把传统农业技术的精华与现代农业技术有机地结合起来，来提高太阳能的利用率、生物能的转化率和废弃物的再循环率，以达到提高农业生产力，实现高效的生态良性循环和经济良性循环，从而获得最佳的经济、社会和生态效益。

第三，生态农业的本质特征是把农业生产系统的运行切实转移到良性的生态循环和经济循环的轨道上来，使农业持续、稳定、协调发展，形成经济、生态、社会三大效益的有机统一。因此，生态农业可以说是通过科技进步，实现生态与经济协调发展的新型农业，所以，建立在生态良性循环基础上的生态与经济的协调发展，就成为生态农业首要的、本质的特征。[①]

第四，生态农业是实现农、林、牧、副、渔五业结合，进行多种经营、全面规划、总体协调的整体农业，是因地制宜、发挥优势、合理利用、保护与增殖自然资源，实现农业可持续发展的持久型农业；是充分利用自然调控并与人工调控相结合，使生态环境保持良好，生产适应性更强的稳定性农业；是能充分利用有机和无机物质，加速物质循环和能量转化，从而获得高产的无废料农业；是建立生物与工程措施相结合的净化体系、能保护与改善生态环境、提高产品质量的清洁农业。

（二）生态农业的内涵

生态农业是运用生态学、生态经济学、系统工程学、现代管理学、现代农业理论和系统科学的方法，把现代科学技术成就与传统农业技术的精华有机结合，优化配置土地空间、生物资源、现代技术和时间序列，把农业生产、农村经济发展和生态环境治理与保护，资源的培育与高效利用融合为一体，促进系统结构优化、功能完善、效益持续，最终形成区域化布局、基地化建设、专业化生产，并建立具有生态合理性，功能良性循环的新型综合农业体系和产、供、销一条龙、农工商一体化的多层次链式复合农业产业经营体系，是天、地、人和谐的农业生产模式。

生态农业的内涵主要包括：一是在健康食物观念引导下，确保国家食物安全和人民健康；二是进一步依靠科技进步，以继承中国传统农业技术精华和吸收现代高新科技相结合；三是以科技和劳动力密集相结合为主，逐步发展成技术、资金密集型的农业现代化生产体系；四是注重保护资源和农村生态环境；五是重视提高农民素质和普及科技成果应用；六是切实保证农民收入持续稳定增长；七是发展多种经营模式、多种生产类型、多层次的农业经济结构，有利于引导集约化生产和农村适度规模经营；八是优化农业和农村经济结构，促进农、牧、渔，种、养、加，贸、工、农有机结合，把农业和农村发展联系在一起，推动农业向产业化、社会化、商

---

① 翁伯琦. 现代生态农业发展理论与应用技术［M］. 福州：福建科学技术出版社，2020.

品化和生态化方向发展。

二、我国生态农业的特征

（一）整体性

生态农业强调发挥农业生态系统的整体功能，以大农业为出发点，按"整体、协调、循环、再生"的原则，全面规划，调整和优化农业结构，使农、林、牧、副、渔各业和农村一、二、三产业综合发展，并使各业之间互相支持，相得益彰，提高综合生产能力。

（二）多样性

生态农业针对我国地域辽阔，各地自然条件、资源基础、经济与社会发展水平差异较大的情况，充分吸收我国传统农业精华，结合现代科学技术，以多种生态模式、生态工程和丰富多彩的技术类型装备农业生产，使各区域都能扬长避短，充分发挥地区优势，各产业都能根据社会需要与当地实际协调发展。

（三）高效性

生态农业通过物质循环和能量多层次综合利用和系列化深加工，实现经济增值，实行废弃物的资源化利用，降低农业成本，提高生态效益，为农村大量剩余劳动力创造农业内部的就业机会，保护农民从事农业的积极性。[①]

（四）持续性

发展生态农业能够保护和改善生态环境，防治污染，维护生态平衡，提高农产品的安全性，变农业和农村经济的常规发展为可持续发展，把环境建设同经济发展紧密结合起来，在最大限度地满足人们对农产品日益增长的需求的同时，提高生态系统的稳定性和持续性，增强农业发展的

---

① 王凡. 生态农业绿色发展研究［M］. 北京：社会科学文献出版社，2018.

后劲。

（五）稳定性

生态农业是按照生态学原理和经济学原理，运用现代科学技术成果和现代管理手段，以及传统农业的有效经验建立起来的，能获得较高的经济效益、生态效益和社会效益的现代化高效农业。它要求把发展粮食与多种经济作物生产，发展大田种植与林、牧、副、渔业，发展大农业与第二、三产业结合起来，利用传统农业精华和现代科技成果，通过人工设计生态工程、协调发展与环境之间、资源利用与保护之间的矛盾，形成生态上与经济上两个良性循环，经济、生态、社会三大效益的统一。随着中国城市化的进程加速和交通快速发展，生态农业的发展空间将得到进一步深化发展。生态农业系统的稳定性远比农业生态系统强。

（六）生态性

第一，降低生产成本。从大理市无公害生产基地试验结果表明，采用有机农业技术，不用化肥和农药，降低生产成本，同时改善土壤耕作性。

第二，改善环境质量。由于生态农业不用或严格控制农药的使用，使水体中的农业化学物质含量降低。据农业部门测定：农业使用的化肥，只有30%左右为植物所利用，其余则进入地下水或地表水或挥发损失。因此要采用作物之间的轮作、少耕或免耕，间种套种、增施有机肥，增加土壤通透性，减轻土壤板结。

第三，提高农产品质量。随着人们生活水平的不断提高，绿色食品、无公害蔬菜等成了人们的热门话题，而且需求量越来越多。生态农业免去了化学物质对植物和果实的影响，自然不必怀疑其中有对人体有害的化学物质。

第四，保护自然资源。生态农业是通过有机废物循环利用而使这些废物变成农作物的营养源。同时改善了土壤，也解决了这些废物的处理问题。土壤有机质的增加使土壤保水保肥能力增强。有机肥养分比较齐全，能满足作物对养分的需求。

第五，经济效益高。生态农业不用或极少用化肥或农药，使生产投资减少。生态农业产品，食用安全可靠，深受消费者的喜爱，其销售价亦高出常规农业产品，单位面积内的经济效益提高，对从事生态农业农民有好处。

三、生态农业与其他农业的关系

(一) 生态农业与可持续农业的关系

生态农业是基于农业可持续发展、实现农业现代化所提出来的一个构想，人类自从离开了采集渔猎方式，农业先是进入刀耕火种的原始农业阶段，接着又进入了以地点固定、人畜力投入为主的传统农业阶段，在一些工业化国家，农业在 20 世纪初期开始进入了工业化农业阶段。目前，大多数发展中国家都处于传统农业或者处于传统农业向工业化农业过渡的阶段，工业化农业也正在寻求自己的可持续发展方向。中国学者认识到我国不可能完全按照工业化模式走农业现代化道路，因此提出我国农业在战略上应当走生态农业的发展道路。

可持续发展是现代农业的一个特征，其实也是生态农业最早提出来的。尽管可持续发展的定义中包括了社会、经济和生态的可持续发展，但其中最重要的起因就是资源、生态和环境的可持续发展问题。农业可持续发展的概念是国际社会的可持续发展概念延伸而来的，因此，中国提出的生态农业在战略发展思路上与农业可持续发展是完全一致的。假如说农业可持续发展强调了发展的结果，那么生态农业还提出了发展的具体方法。

生态农业技术是发展可持续农业的有效手段，发展可持续农业，需要不断提高经济效益、生态效益和社会效益，实现"经济—自然—社会"的综合农业体系的良性发展。我国生态农业研究不仅在理论和方法上进行了深入的探索，还在农业生态环境整治和农业源污染控制技术研究与开发方面取得了很大的进展，为发展可持续农业提供了有力的技术支持和保证。[①] 生态产业的本质特征就是利用生态技术体系，通过物质能量的多层次分级利用或循环利用，使投入生态系统的资源和能量尽可能地被充分利用，达到废物最小化，以促进生态与经济的良性循环，实现生态环境与经济社会相互协调和可持续发展。

---

① 陈云霞，何亚洲，胡立勇. 生态循环农业绿色种养模式与技术 [M]. 北京：中国农业科学技术出版社，2020.

（二）生态农业与现代农业的关系

循环农业是循环经济体系的一个部分，它是运用生态学、生态经济学原理所指导的农业经济形态，通过调整和优化农业产业结构，延长产业链条，提高农业系统内物质能量的多级循环利用，最大限度地利用农业生物质资源，采用清洁生产方式，实现农业生态的良性循环。循环农业的"3R"原则，实际上是生态农业初期就在实践中经常利用的方法，也是现代农业所倡导的。

中国特色的现代农业是站得高、看得远、涵盖非常广泛的一个概念，包括了农业的可持续发展、循环经济、高新农业技术、新产品使用等多项内容。其具体化还有待于各个方面的努力，并且需要有与时俱进的思路。由于中国生态农业的提出其实也是希望走一条具有中国特色的农业现代化道路，因此，生态农业与现代农业这两个概念实际上是并行不悖的。生态农业的建设注重农业生态环境的保护，更重视农业的物质循环与能量的多级转换利用；而现代农业的发展则体现在农业生产的各个方面，更注重现代科学技术及新产品的运用。

第二节 生态系统与生态农业的基本原理

一、生态系统与农业生态系统

（一）生物种群与群落

1. 种群

（1）种群的概念。

种群是指在同一时期内占有一定空间的同种生物个体的集合。对种群概念可以从两个层次进行理解：一是作为抽象概念用于理论研究上（如种群生态学、种群遗传学理论和种群研究方法等），这层含义的种群，泛指一切能相互交配并繁育后代的所有同种个体的集合（即该物种的全部个体），如熊猫种群；二是作为具体存在的客体用于实际研究上，这层含义的种群，即指实际上进行交配并繁育后代的局部种群（包括自然种群或实验种群），如某森林中的梅花鹿种群和实验室饲养的小白鼠种群。大多数情况下，种群是指由生态学家根据研究的需要而划定的局部种群，如某农场或农田本季栽培的全部水稻植株。[①]

种群是物种的基本组成单位，一个物种可包含许多种群。种群也是组成生物群落的基本单位。任何一个种群在自然界都不能孤立存在，而是与其他物种的种群一起形成群落。

（2）种群的基本特征。

种群虽然是由个体组成的，但不是个体的简单累加，它具有物种个体所不具有的独特性质、结构和功能，具有自我组织和自我调节能力。种群的基本特征是指各类生物种群在生长发育条件下所具有的共同特征即种群的共性。种群的基本特征包括以下四个方面。

空间特征。种群均占据一定的空间，其个体在其生存环境空间中的分布形式取决于物种的生物学特性。

数量特征。研究种群常常需要划定边界，统计种群的数量特征参数，以便掌握种群的历史、现状和预测种群的未来发展趋势。考察种群动态变化的数量特征包括：

遗传特征。种群具有一定的遗传组成，是一个基因库，但不同的地理种群存在着基因差异，不同种群的基因库不同。种群的基因在繁殖过程世代传递，在进化过程中通过遗传物质的重新组合及突变作用改变遗传性状以适应环境的不断改变。

系统特征。种群是一个具有自我组织的自我调节的系统。它是以特定种群为中心，以作用于该种群的其他生物种群和全部环境因子为空间边界所组成的系统。因此，对种群的研究应从系统的角度，通过研究种群的内在因子，以及环境内各环境因子与种群数量变化的相互关系，从而揭示种群数量变化的机制与规律。[②]

（3）种群的调节。

种群的数量变动，反映着两组相互矛盾的过程（出生和死亡，迁入和

① 张燕. 生态农业视域下新型职业农民培育研究［M］. 北京：中国纺织出版社，2019.

② 陈阜，隋鹏. 农业生态学（第 3 版）［M］. 北京：中国农业大学出版社，2019.

迁出）相互作用的综合结果。因此，影响出生率、死亡率和迁移率的一切因素，都同时影响种群的数量动态。

（4）种内与种间关系。

物种主要的种内相互作用是竞争、自相残杀、性别关系、领域性和社会等级等，而主要的种间相互作用是竞争、捕食、寄生和互利共生。

一是种内关系。存在于生物种群内部个体间的相互关系称为种内关系。同种个体间发生的竞争叫作种内竞争。由于同种个体通常分享共同资源，种内竞争可能会很激烈。因资源利用的重叠，意味着种内竞争是生态学的一种重要影响力。降低种群密度可以克服或应付竞争，如通过扩散以扩大领域等途径。从个体看，种内竞争是有害的，但对该物种而言，其淘汰了弱者、保存了较强个体，种内竞争可能有利于种群进化。

密度效应。种群的密度效应是由两种相互作用因素决定：即出生与死亡、迁出与迁入。其作用类型可划分为密度制约和非密度制约。因密度的改变，将改变对共享资源的利用，改变种内竞争形势。

性别生态学。有性繁殖的种群异性个体构成最大量、最重要的同种关系，对基因多样性和种群数量变动有重要意义。动、植物多行有性繁殖，因有性繁殖有利于适应多变环境。雌雄两性配子的融合能产生更多的变异类型后代，有利于在不良环境下保证部分个体的生存。无性繁殖以植物居多，无性繁殖在进化选择有其优越，能迅速增殖其个体，对新开拓的栖息地是一种有利适应。

领域性和社会等级。领域指由个体、家庭或其社群所占据、并保卫，不让其他成员侵入的空间。具领域性的种类以脊椎动物居多，尤其是鸟、兽。社会等级是指动物种群中各个体的地位、具有一定顺序的等级现象，具支配—从属关系。社会等级制在动物界相当普遍，许多鱼类、爬行类、鸟类和兽类都存在。

二是种间关系。种间关系是指物种种群之间的相互作用所形成的关系。两个种群的相互关系可以是间接的，也可以是直接的相互影响。这种影响可能是有害的，也可能是有利的。

种间竞争。种间竞争是指两物种或更多物种、利用同样而有限的资源时的相互作用现象。种间竞争的结果常是不对称，即一方占优势而另一方被抑制甚或被消灭。

生态位理论。生态位是生态学一个重要概念，指物种在生物群落或生态系统中的地位和角色，早期生态位的概念用来表示划分环境的空间单位和一个物种在环境中的地位。通常，一个物种占据的生态位空间，受到竞争和捕食所影响。没有竞争和捕食的胁迫，物种能在更广泛的条件和资源范围得到繁荣。这种潜在的生态位空间就是基础生态位，是理论上的最大生存空间。但物种暴露在竞争者和捕食者面前是很平常的现象，因而很少有物种能占据基础生态位，而实际占有的生态位即称实际生态位。生态位是每个种在一定生境的群落中都有不同于其他种的时、空位置，也包括在生物群落中的功能地。指出生态位的概念与生境和分布区的概念不同：生境是指生物生存的周围环境；分布区是种分布的地理范围；生态位则说明一个生物群落中某个种群的功能地位。

捕食作用。捕食可定义为一种生物摄取他种生物个体的全部或部分为食，前者称为捕食者，后者称为被食者。这一定义包括三个含义：一是典型捕食者，它袭击猎物杀而食之；二是食草者，它逐渐杀死（或不杀死）对象生物，且只消费对象个体的一部分；三是寄生，它与单一对象个体（寄主）有密切关系。

捕食者与猎物的相互关系，经过长期协同进化而逐步形成。捕食者进化了一整套适应特征、以更有效捕食猎物，猎物也形成一系列对策，以逃避被捕食。这两种选择是对立的，但在自然界捕食者将猎物种群捕食殆尽的事例很少，通常是对猎物中老、弱、病、残和遗传特性较差的个体加以捕食，从而起淘汰劣种、防止疾病传播及不利的遗传因素延续的作用。

食草是广义捕食的类型之一，其特点是植物不能逃避被食，而动物对植物的危害只是使部分机体受损害，留下的部分能再生。[①]

植物被采食而受损程度随损害部位、植物发育阶段不同而异。如吃叶、采花、采果、破坏根系，其后果完全不同。生长季早期，树叶被食会大大减少木材生长量，而在生长季较晚期则对木材生产影响较少。此外，植物并非完全被动受害，而是发展了各种补偿机制。一些枝叶受损后，其自然落叶会减少，整株的光合率可能加强。若在繁殖期受害，如大豆，则能以增加粒重来补偿豆荚损失。亦发现动物啃食可能刺激叶单位面积光合率的提高。

植物亦形成保护适应：一是产生毒性与较差的味道（适口性），如苦豆子，在其生长季节、植株味苦且含生物碱，动物避之；二是防御结构，

---

① 陈光辉，季昆森，朱立志. 多维生态农业（第 2 版）［M］. 北京：中国农业科学技术出版社，2019.

如带钩、刺等以阻止哺乳动物采食。

植物与食草动物亦存在互动关系，即植物-食草动物系统，亦称放牧系统。在这一系统中，动物与草地间具有复杂关系，简单认为食草动物的牧食会降低草地生产力是错误的。在乌克兰草原上，曾保存 $500hm^2$ 原始针茅草原，禁止人为放牧。若干年后该地长满杂草，变成不能放牧草地。因针茅繁生阻碍其嫩芽生长并大量死亡，使草原变成杂草地。

三是寄生与共生。寄生与共生是生物学中用以描述两种生物关系的词语，广泛存在植物间、动物间、植物与动物之间。

寄生。寄生是指一个种（寄生物）寄居于另一种（寄主）的体内或体表，靠寄主体液、组织或已消化物以获取营养而生存。寄生物可分为两大类：一类是微寄生物，在寄主体内或体表繁殖；另一类是大寄生物，在寄主体内或表面生长。主要微寄生物有病毒、细菌、真菌和原生动物。动植物的大寄生物主要是无脊椎动物。动物中，寄生蠕虫特别重要，而昆虫是植物的主要大寄主。大多寄生物是食生物者，仅在活组织中生活，但一些寄生物在寄主死后仍继续生活，如一些蝇类和真菌。

共生。共生又分为偏利共生、互利共生、传粉和种子散布、防御性互利共生。

偏利共生：两个不同物种的个体间，发生对一方有利而对另一方无利的关系，称偏利共生，如附生于植物枝条上的地衣、苔藓等，借枝条的支撑以获取更多的光照和空间资源。

互利共生：互利共生是不同种的两个体间一种互惠关系，可增加双方的适合度。互利共生发生于生活在一起的生物体间，如菌根是真菌菌丝与高等植物根的共生体。真菌帮助植物吸收营养（特别是磷），同时从植物体获取营养维持菌体的生活。

传粉和种子散布：多数有花植物依靠传粉者而实现传粉受精，传粉者通过获取花蜜、花粉而得到食源。另一类动—植间的互利见于种子传播。啮齿动物、蝙蝠、鸟类和蚂蚁都是重要的种子传播者。其他一些种子传播者是以水果为食的动物，它们采食水果但排出种子，从而实现种子传播。应当指出，某些种子是埋藏于兽类毛层的刺果，虽实现种子传播，但对动物有害，故非互利共生。

防御性互利共生：一些互利共生是一方为另一方提供对捕食者或竞争者的防御。蚂蚁—植物互利共生很普遍，许多植物树干或叶子泌蜜为蚂蚁提供食源，蚂蚁为其宿主对抗入侵害虫，从而减轻虫害。

2. 群落

（1）群落的概念与性质。

群落（生物群落）是指一定时间内居住在一定空间范围内的生物种群的集合。它包括植物、动物和微生物等各个物种的种群，共同组成生态系统中有生命的部分。[①]

$$生物群落＝植物群落＋动物群落＋微生物群落$$

关于群落的性质，长期以来一直存在着两种对立的观点。争论的焦点在于群落到底是一个有组织的系统，还是一个纯自然的个体集合。

"有机体"学派认为：沿着环境梯度或连续环境的群落组成了一种不连续的变化，因此生物群落是间断分开的。

"个体"学派则认为：在连续环境下的群落组成是逐渐变化的，因而不同群落类型只能是任意认定的。

现代生态学认为群落既存在着连续性的一面，也有间断性的一面。如果采取生境梯度的分析的方法，即排序的方法来研究连续群变化，虽然在不少情况下表明群落并不是分离的、有明显边界的实体，而是在空间和时间上连续的一个系列。但事实上，如果排序的结果构成若干点集的话，则可达到群落分类的目的；如果分类允许重叠的话，则又可反映群落的连续性。这一事实反映了群落的连续性和间断性之间并不一定要相互排斥，关键在于研究者从什么角度和尺度看待这个问题。

（2）群落与生态系统。

群落和生态系统究竟是生态学中两个不同层次的研究对象，还是同一层次的研究对象，这个问题目前还存在着不同的看法，大多数学者认为应该把两者分开来讨论，但也有不少学者把它们作为同一个问题来讨论。

但我们认为，群落和生态系统这两个概念是有明显区别的，各具独立含义。群落是指多种生物种群有机结合的整体，而生态系统的概念是包括群落和无机环境。生态系统强调的是功能，即物质循环和能量流动。但谈到群落生态学和生态系统生态学时，确实是很难区分。群落生态学的研究内容是生物群落和环境相互关系及其规律，这恰恰也是生态系统生态学所要研究的内容。随着生态学的发展，群落生态学与生态系统生态学必将有

---

① 邢旭英，李晓清，冯春营. 农林资源经济与生态农业建设 [M]. 北京：经济日报出版社，2019.

机地结合，成为一个比较完整的，统一的生态学分支。

（3）群落结构的松散性和边界的模糊性。

同一群落类型之间或同一群落的不同地点，群落的物种组成、分布状况和层次的划分都有很大的差异，这种差异通常只能进行定性描述，在量的方面很难找到一个统一的规律，人们视这种情况为群落结构的松散性。

在自然条件下，群落的边界有的明显，如水生群落与陆生群落之间的边界，可以清楚地加以区分；有的边界则处在不明显的连续变化中，如草甸草原和典型草原的过渡带、典型草原和荒漠草原的过渡带等。多数情况下，不同群落之间存在着过渡带，被称为群落交错区。

（4）群落的命名。

对于群落的分类和命名，常见的有以下一些方法：

根据群落中的优势种来命名：如马尾松林群落、木荷林群落。

根据群落所占的自然生境来命名：如岩壁植被。

根据优势种的主要生活型来命名：如亚热带常绿阔叶林群落、草甸沼泽群落。

根据群落中的特征种来命名：如木荷群丛。

（5）群落的基本特征主要有以下八个：

一是具有一定的外貌。一个群落中的植物个体，分别处于不同高度和密度，从而决定了群落的外部形态。在植物群落中，通常由其生长类型决定其高级分类单位的特征，如森林、灌丛或草丛的类型。

二是具有一定的种类组成。每个群落都是由一定的植物、动物、微生物种群组成的。因此，种类组成是区别不同群落的首要特征。一个群落中种类成分的多少及每种个体的数量，是度量群落多样性的基础。

三是具有一定的群落结构。生物群落是生态系统的一个结构单元，它本身除具有一定的种类组成外，还具有一系列结构特点，包括形态结构、生态结构与营养结构。例如，生活型组成、种的分布格局、成层性、季相、捕食者和被食者的关系等。但其结构常常是松散的，不像一个有机体结构那样清晰，有人称之为松散结构。

四是形成一定的群落环境。生物群落对其居住环境会产生重大影响，并形成群落环境。如森林中的环境与周围裸地就有很大的不同，包括光照、温度、湿度与土壤等都经过了生物群落的改造。即使生物非常稀疏的荒漠群落，对土壤等环境条件也有明显改变。

五是不同物种之间的相互影响。群落中的物种有规律地共处，即在有序状态下共存。诚然，生物群落是生物种群的集合体，但不是说一些种的任意组合便是一个群落。一个群落必须经过生物对环境的适应和生物种群之间的相互适应、相互竞争。形成具有一定外貌、种类组成和结构的集合体。

六是具有一定的动态特征。生物群落是生态系统中具生命的部分，生命的特征是不停地运动，群落也是如此，其运动形式包括季节动态、年际动态、演替与演化。

七是按照一定的规律分布。任一群落分布在特定地段或特定生境上，不同群落的生境和分布范围不同。无论从全球范围看还是从区域角度讲，不同生物群落都是按照一定的规律分布。

八是群落的边界特征。在自然条件下，有些群落具有明显的边界，可以清楚地加以区分；有的则不具有明显边界，而处于连续变化中。前者见于环境梯度变化较陡，或者环境梯度突然中断的情形。例如，地势变化较陡的山地的垂直带，陆地环境和水生环境的边界处（池塘、湖泊、岛屿等）。但两栖类（如蛙）常常在水生群落与陆地群落之间移动，使原来清晰的边界变得复杂。此外，火烧、虫害或人为干扰都可造成群落的边界。后者见于环境梯度连续缓慢变化的情形。大范围的变化如草甸草原和典型草原的过渡带，典型草原和荒漠草原的过渡带等；小范围的如沿一缓坡而渐次出现的群落替代等。但在多数情况下，不同群落之间都存在过渡带，被称为群落交错区，并导致明显的边缘效应。

生物群落可以从植物群落、动物群落和微生物群落这三个不同角度来研究，其中以植物群落研究得最多也最深入。群落学的一些基本原理多是在植物群落研究中获得的，植物群落学又称植物学或植物社会学，它主要研究植物群落的结构、功能、形成、发展及其所处环境的相互关系。目前对植物群落的研究已形成比较完整的理论体系，在该学科发展的各个历史时期都有一些代表人物和代表性著作。动物一般不能脱离植物而长久生存，又不像植物定点固定生活而具有移动性，所以动物群落的研究较植物群落困难，动物群落学发展得较慢，早期的动物群落学研究也往往是对植物群落学的追随，其情况有点像早期的植物种群生态学对动物种群生态学那样。但是由于大多数植物是绿色植物，属于群落或营养结构中的生产者，而复杂的食物网，包括各个营养级及其相互作用，必须有更高营养级的消费者参加，有关生态锥体、营养级间能量传递效率等原理的发现，没有动物群落生态研究是不可能的。而形成群落结构和功能基础的物种间相互关系，诸如捕食、食草、竞争、寄生等许多重要生态学原理，多数也由动物生态学研究开始。对近代群落生态学做出重要贡献的一些原理，诸如中度干扰假说对形成群落结构的意义、竞争压力对物种多样性的影响等都与动物群落学的进展分不开。因此，最有成效的群落生态学研究，应该是动物、植物、微生物群落的有机结合。近代的食物网理论、生态系统的能流、物流等规律，都是这种整体研究的结果。

（二）生态系统

1. 生态系统的概念与内涵

生态系统是指生物群落与其生存环境之间，以及生物种群相互之间密切联系、相互作用，通过物质交换、能量转换和信息传递，成为占据一定空间、具有一定结构、执行一定功能的动态平衡整体。

生态系统定义的基本含义是：①生态系统是客观存在的实体，有时、空概念的功能单元；②由生物和非生物成分组成，以生物为主体；③各要素间有机地组织在一起，具有整体的功能；④生态系统是人类生存和发展的基础。

生态系统的范围可大可小，通常根据研究的目的和具体的对象而定。最大是生物圈，可看作是全球生态系统，它包括了地球一切的生物及其生存条件；小的如一块草地，一个池塘都可看作是一个生态系统。

2. 生态系统的基本特征

（1）有时空概念的复杂的大系统。

生态系统通常与一定的空间相联系，以生物为主体，呈网络式的多维空间结构的复杂系统。是一个极其复杂的由多要素、多变量构成的系统，而且不同变量及其不同的组合，以及这种不同组合在一定变量动态之中，又构成了很多亚系统。

（2）有一定的负荷力。

生态系统负荷力是涉及用户数量和每个使用者强度的二维概念，二者之间保持互补关系，当每一个体使用强度增加时，一定资源所能维持的个体数目相应减少。基于这一特点，在实践中可将有益生物种群保持在一个环境条件所允许的最大种群数量，此时，种群的繁殖速率最快。对环境保护工作而言，在人类生存和生态系统不受损害的前提下，容纳污染物要与环境容量相匹配。任何生态系统的环境容量越大，可接纳的污物就越多，反之则越少。应该强调指出，生态系统的纳污量不是无限的。污染物的排放必须与环境容量相适应。

（3）有明确功能和功益服务性能。

生态系统不是生物分类学单元，而是个功能单元。首先是能量的流动，绿色植物通过光合作用把太阳能转变为化学能贮藏在植物体内，然后再转给其他动物，这样营养就从一个取食类群转移到另一个取食类群，最后由分解者重新释放到环境中。其次在生态系统内部生物与生物之间，生物与环境之间不断进行着复杂而有序的物质交换，这种交换是周而复始和不断地进行着，对生态系统起着深刻的影响。自然界元素运动的人为改变，往往会引起严重的后果。生态系统在进行多种过程中为人类提供粮食、药物、农业原料、并提供人类生存的环境条件，形成生态系统服务。

（4）有自维持、自调控功能。

任何一个生态系统都是开放的，不断有物质和能量的进入和输出。一个自然生态系统中的生物与其环境条件是经过长期进化适应，逐渐建立了相互协调的关系。生态系统自调控机能主要表现在三个方面：一是同种生物的种群密度的调控，这是在有限空间内比较普遍存在的种群变动规律；二是异种生物种群之间的数量调控，多出现于植物与动物、动物与动物之间，常有食物链关系；三是生物与环境之间的相互适应的调控。生物经常不断地从所在的生境中摄取所需的物质，生境亦需要对其输出进行及时的补偿，两者进行着输入与输出之间的供需调控。

生态系统调控功能主要靠反馈来完成。反馈可分为正反馈和负反馈。前者是系统中的部分输出，通过一定线路而又变成输入，起促进和加强的作用；后者则倾向于削弱和减低其作用。负反馈对生态系统达到和保持平衡是不可缺少的。正、负反馈相互作用和转化，从而保证了生态系统达到一定的稳态。

（5）有动态的、生命的特征。

生态系统也和自然界许多事物一样，具有发生、形成和发展的过程。生态系统可分为幼年期、成长期和成熟期，表现出鲜明的历史性特点，从而具有生态系统自身特有的整体演变规律。换言之，任何一个自然生态系统都是经过长期历史发展形成的，这一点很重要。我们所处的新时代具有鲜明的未来性。生态系统这一特性为预测未来提供了重要的科学依据。

（6）有健康、可持续发展特性。

自然生态系统是在数十亿万年中发展起来的整体系统，为人类提供了物质基础和良好的生存环境，然而长期以来人们活动已损害了生态系统健康。为此，加强生态系统管理促进生态系统健康和可持续发展是全人类的共同任务。

3. 生态系统的研究方向

目前有关生态系统的研究，主要集中在五个方面。

（1）对自然生态系统的保护和利用。

各种各样的自然生态系统有和谐、高效和健康的共同特点，许多野外研究表明，自然生态系统中具有较高的物种多样性和群落稳定性。一个健康的生态系统比一个退化的更有价值，它具有较高的生产力，能满足人类物质的需求，还能给人类提供生存的优良环境。因此，研究自然生态系统的形成和发展过程、合理性机制以及人类活动对自然生态系统的影响，对于有效利用和保护自然生态系统均有较大的意义。

（2）生态系统调控机制的研究。

生态系统是一个自我调控的系统，这方面的研究包括：自然、半自然和人工等不同类型生态系统自我调控的阈值；自然和人类活动引起局部和全球环境变化带来的一系列生态效应；生物多样性、群落和生态系统与外部限制因素间的作用效应及其机制。

（3）生态系统退化的机制、恢复及其修复研究。

在人为干扰和其他因素的影响下，有大量的生态系统处于不良状态，承载着超负荷的人口和环境负担、水资源枯竭、荒漠化和水土流失在加重等，脆弱、低效和衰退已成为这一类生态系统的明显特征。这方面的研究主要有：由于人类活动而造成逆向演替或对生态系统结构、重要生物资源退化机理及其恢复途径；防止人类与环境关系的失调；自然资源的综合利用及污染物的处理。

（4）全球性生态问题的研究。

近几十年来，许多全球性的生态问题严重威胁着人类的生存和发展，这些问题要靠全球人类共同努力才能解决，如臭氧层破坏、温室效应、全球变化等。这方面的研究重点有：全球变化对生物多样性和生态系统的影响及其反应；敏感地带和生态系统对气候变化的反应；气候与生态系统相互作用的模拟；建立全球变化的生态系统发展模型；提出全球变化中应采取的对策和措施等。

（5）生态系统可持续发展的研究。

过去以破坏环境为代价来发展经济的道路使人类社会走进了死胡同，人类要摆脱这种困境，必须从根本上改变人与自然的关系，把经济发展和环境保护协调一致，建立可持续发展的生态系统。研究的重点是：生态系统资源的分类、配置、替代及其自我维持模型；发展生态工程和高新技术的农业工厂化；探索自然资源的利用途径，不断增加全球物质的现存量；研究生态系统科学管理的原理和方法，把生态设计和生态规划结合起来；加强生态系统管理、保持生态系统健康和维持生态系统服务功能。

4. 生态系统组分及结构

（1）生态系统组分。

不论是陆地还是水域，系统或大或小，都可以概括为生物组分和环境组分两大组分。

一是生物组分。多种多样的生物在生态系统中扮演着重要的角色。根据生物在生态系统中发挥的作用和地位而或分为生产者、消费者和分解者三大功能类群。

生产者又称初级生产者，指能利用简单的无机物质制造食物的自养生物，主要包括所有绿色植物、蓝绿藻和少数化能合成细菌等自养生物。这些生物可以通过光合作用把水和二氧化碳等无机物合成为碳水化合物、蛋白质和脂肪等有机化合物，并把太阳辐射能转化为化学能，贮存在合成有机物的分子键中。植物的光合作用只有在叶绿体内才能进行，而且必须是在阳光的照射下。但是当绿色植物进一步合成蛋白质和脂肪的时候，还需要有氮、磷、硫、镁等16种或更多种元素和无机物参与。生产者通过光合作用不仅为本身的生存、生长和繁殖提供营养物质和能量，而且它所制造的有机物质也是消费者和分解者唯一的能量来源。生态系统中的消费者和分解者是直接或间接依赖生产者为生的，没有生产者就不会有消费者和分解者。可见，生产者是生态系统中最基本和最关键的生物成分。太阳能只有通过生产者的光合作用才能源源不断地输入生态系统，然后再被其他生物所利用。初级生产者也是自然界生命系统中唯一能将太阳能转化为生物化学能的媒介。

消费者是针对生产者而言，即它们不能从无机物质制造有机物质，而是直接或间接地依赖于生产者所制造的有机物质，因此属于异养生物。消费者归根结底都是依靠植物为食（直接取食植物或间接取食以植物为食的动物）。直接吃植物的动物叫植食动物，又叫一级消费者（如蝗虫、兔、马等）；以植食动物为食的动物叫肉食动物，也叫二级消费者，如食野兔的狐和猎捕羚羊的猎豹等；以食肉动物为食的动物叫大型食肉动物或顶级食肉动物，也叫三级消费者，如池塘里的黑鱼，草地上的鹰隼等猛禽。消费者也包括那些既吃植物也吃动物的杂食动物，有些鱼类是杂食性的，它们吃水藻、水草，也吃水生无脊椎动物。有许多动物的食性是随着季节和年龄而变化的，麻雀在秋季和冬季以吃植物为主，但是到夏季的生殖季节就以吃昆虫为主，所有这些食性较杂的动物都是消费者。食碎屑者也应属于消费者，它们的特点是只吃死的动植物残体。消费者还应当包括寄生生物。

分解者是异养生物，它们分解动植物的残体、粪便和各种复杂的有机化合物，吸收某些分解产物，最终能将有机物分解为简单的无机物，而这些无机物参与物质循环后可被自养生物重新利用。分解者主要是细菌和真菌，也包括某些原生动物和蚯蚓、白蚁、秃鹫等大型腐食性动物。分解者在生态系统中的基本功能是把动植物死亡后的残体分解为比较简单的化合物，最终分解为最简单的无机物并把它们释放到环境中去，供生产者重新吸收和利用。由于分解过程对于物质循环和能量流动具有非常重要的意义，所以分解者在任何生态系统中都是不可缺少的组成成分。如果生态系统中没有分解者，动植物遗体和残遗有机物很快就会堆积起来，影响物质的再循环过程，生态系统中的各种营养物质很快就会发生短缺并导致整个生态系统的瓦解和崩溃。由于有机物质的分解过程是一个复杂的逐步降解的过程，因此除了细菌和真菌两类主要的分解者之外，其他大大小小以动植物残体和腐殖质为食的各种动物在物质分解的总过程中都在不同程度上发挥着作用，如专吃兽尸的秃鹫，食朽木、粪便和腐烂物质的甲虫、白蚁、粪金龟子、蚯蚓和软体动物等。有人则把这些动物称为大分解者，而把细菌和真菌称为小分解者。[①]

二是环境组分。环境组分包括辐射、大气、水体、土体。

---

① 陈义，沈志河，白婧婧. 现代生态农业绿色种养实用技术 [M]. 北京：中国农业科学技术出版社，2019.

　　辐射中最重要的成分来自太阳的直射辐射和散射辐射，通常称短波辐射。辐射成分里还有来自各种物体的热辐射，称长波辐射。

　　大气中的二氧化碳和氧气与生物的光合和呼吸关系密切，氮气与生物固氮有关。

　　环境中的水体存在形式有湖泊、溪流、海洋等，也可以地下水、降水的形式出现。水蒸气弥漫在空中，水分也渗透在土壤中。

　　土体泛指自然环境中以土壤为主体的固体成分，其中土壤是植物生长最重要的基质，也是众多微生物和小动物的栖息场所。自然环境通过其物理状况（如辐射强度、温度、湿度、压力、风速等）和化学状况（如酸碱度、氧化还原电位、阳离子、阴离子等）对生物的生命活动产生综合影响。

　　（2）生态系统结构。

　　一是食物链。生产者所固定的能量和物质，通过一系列取食和被食的关系在生态系统中传递，各种生物按其取食和被食的关系而排列的链状顺序称为食物链。食物链中每一个生物成员称为营养级。我国民谚所说的"大鱼吃小鱼，小鱼吃虾米"就是食物链的生动写照。

　　按照生物与生物之间的关系可将食物链分成四种类型，即捕食食物链、碎食食物链、寄生性食物链、腐生性食物链。

　　捕食食物链是指一种活的生物取食另一种活的生物所构成的食物链。捕食食物链都以生产者为食物链的起点。如植物→植食性动物→肉食性动物。这种食物链既存在于水域，也存在于陆地环境。如草原上，青草→野兔→狐狸→狼；湖泊中，藻类→甲壳类→小鱼→大鱼。

　　碎食食物链是指以碎食（植物的枯枝落叶等）为食物链的起点的食物链。碎食被别的生物所利用，分解成碎屑，然后再为多种动物所食构成。其构成方式：碎食物→碎食物消费者→小型肉食性动物→大型肉食性动物。在森林中，有90%的净生产是以食物碎食方式被消耗的。

　　寄生性食物链由宿主和寄生物构成，它以大型动物为食物链的起点，继之以小型动物、微型动物、细菌和病毒。后者与前者是寄生性关系。如哺乳动物或鸟类→跳蚤→原生动物→细菌→病毒。

　　腐生性食物链以动、植物的遗体为食物链的起点，腐烂的动、植物遗体被土壤或水体中的微生物分解利用，后者与前者是腐生性关系。

　　在生态系统中各类食物链具有以下特点：一是在同一个食物链中，常包含有食性和其他生活习性极不相同的多种生物；二是在同一个生态系统中，可能有多条食物链，它们的长短不同，营养级数目不等。由于在一系列取食与被取食的过程中，每一次转化都将有大量化学能变为热能消散，因此，自然生态系统中营养级的数目是有限的。在人工生态系统中，食物链的长度可以人为调节。

二是食物网。生态系统中的食物营养关系是很复杂的。由于一种生物常常以多种食物为食，而同一种食物又常常为多种消费者取食，因此食物链交错起来，多条食物链相连，形成了食物网。食物网不仅维持着生态系统的相对平衡，并推动着生物的进化，成为自然界发展演变的动力。这种以营养为纽带，把生物与环境、生物与生物紧密联系起来的结构，称为生态系统的营养结构。

(三) 农业生态系统

1. 农业生态系统的概念及组成

（1）农业生态系统的概念。

农业生态系统是指某一特定空间内农业生物与其环境之间，通过互相作用联结成进行能量转换和物质生产的有机综合体。人类生态系统的产生，第一阶段就是农业生态系统，它远远早于城市生态系统的出现。

农业生态系统是人工、半人工生态系统。农业生态系统的能量及能源除来自太阳辐射外，目前不同程度上需消耗石油能源、依赖于工业能的投入。农业生态系统也是一个具有一般系统特征的人工系统，它是人们利用农业生物与非生物环境之间以及生物种群之间的相互作用建立的，并按照人类需求进行物质生产的有机整体。其实质是人类利用农业生物来固定、转化太阳能，以获取一系列社会必需的生活和生产资料。农业生态系统是自然生态系统演变而来，并在人类的活动影响下形成的，它是人类驯化了的自然生态系统。因此，它不仅受自然生态规律的支配，还受社会经济规律的调节。[①]

（2）农业生态系统的组成。

农业生态系统与自然生态系统一样，也由生物与环境两大部分组成。但是生物以人工驯化栽培的农作物、家畜、家禽等为主。环境也是部分受

---

① 宋希娟. 生态农业的技术与模式 [M]. 延吉：延边大学出版社，2018.

到人工控制或全部经过人工改造的环境。在农业生态系统中的生物组分中增加了人这样一个大型消费者，其同时又是环境的调控者。

2. 农业生态系统的特点

农业生态系统是在人类控制下发展起来的。由于其受人类社会活动的影响，因此它与自然生态系统相比有明显不同。

（1）人类强烈干预下的开放系统。

自然生态系统中生产者生产的有机物质全部留在系统内，许多化学元素在系统内循环平衡，是一个自给自足的系统。而农业生态系统是人类干预下的生态系统，目的是更多地获取农畜产品以满足人类的需要，由于大量农畜产品的输出，使原先在系统循环的营养物质离开了系统，为了维持农业生态系统的养分平衡，提高系统的生产力，农业生态系统就必须从系统外投入较多的辅助能，如化肥、农药、机械、水分排灌、人畜力等。为了长期地增产与稳产，人类必须保护与增殖自然资源，保护与改造环境。

（2）农业生态系统中的农业生物具有较高的净生产力、较高的经济价值和较低的抗逆性。

由于农业生态系统的生物物种是人工培育与选择的结果，经济价值较高，但抗逆性差。往往造成生物物种单一，结构简化，系统稳定性差，容易遭受自然灾害。需要通过一系列的农业管理技术的调控来维持和加强其稳定性。农田生态系统的初级生产力一般较高，据统计农作物平均为0.4%，高产田可达$1.2\%\sim1.5\%$，而自然界的绿色植物光能利用率不超过0.1%。

（3）农业生态系统受自然生态规律和社会经济规律的双重制约。

由于农业生态系统是一个开放性的人工系统，有着许多能量与物质的输入与输出，因此农业生态系统不仅受自然规律的控制，也受社会经济规律的制约。人类通过社会、经济、技术力量干预生产过程，包括农产品的输出和物质、能量、技术的输入，而物质、能量、技术的输入又受劳动力资源、经济条件、市场需求、农业政策、科技水平的影响，在进行物质生产的同时，也进行着经济再生产过程，不仅要有较高的物质生产量，而且也要有较高的经济效益和劳动生产率。因此，农业生态系统实际上是一个农业生态经济系统，体现着自然再生产与经济再生产交织的特性。

（4）农业生态系统具有明显的地区性。

农业生态系统具地域性，不仅受自然气候生态条件的制约，还受社会经济市场状况的影响，因此要因地制宜，发挥优势，不仅要发挥自然资源的生产潜力优势，还要发挥经济技术优势。因此，农业生态系统的区划，应在自然环境、社会经济和农业生产者之间协调发展的基础上，实行生态分区治理、分类经营和因地制宜发展。

（5）系统的稳定性差。

由于农业生态系统中的主要物种是经过人工选育的，因此对自然条件与栽培、饲养管理的措施要求越来越高，而且抗逆性较差；同时人们为了获得高的生产率，往往抑制其他物种，使系统内的物种种类大大减少，食物链简化、层次减少，致使系统的自我稳定性明显降低，容易遭受不良因素的破坏。

3. 农业生态系统的分类

为便于人们研究与实际操作、管理技术的运用，农业生态系统可以分成如下四类。

（1）农田生态系统。

农田生态系统由作物与其生长发育有关的光、热、水、气、肥、土及作物伴生生物（土壤微生物、作物病虫和农田杂草）等环境组成。并通过与环境的作用完成产品的生产过程。

（2）森林生态系统。

森林生态系统由以木本植物为主体的生物与其生长发育所需的光、热、水、气、肥、土及伴生生物等环境组成，并完成特定的林产品生产和农业水土保持功能的农业生态系统。它是多功能的生态系统，素有"农业水库""都市肺脏"美称。

（3）草原生态系统。

草原生态系统由天然牧草、人工牧草及草食性农业动物为主体的生物种群与其生长发育所需的环境条件构成的，并完成肉、奶、皮、毛等动物性农产品生产的农业生态系统。

（4）内陆淡水生态系统。

内陆淡水生态系统是人们为发展农业生产，特别是为发展渔业经济而加以利用和改造的湿地、溪流、江河、湖泊、水库池塘等水域系统的总称。内陆淡水生态系统的功能，主要表现在各种水生生物产品的生产和为农田作物提供灌溉水源两大方面。

4. 农业生态系统结构

系统的结构通常是指系统的构成要素的组成、数量及其在时间、空间上的分布和能量、物质转移循环的途径。结构直接关系到生态系统内物质和能量的转化循环特点、水平和效率，以及生态系统抵抗外部干扰和内部变化而保持系统稳定性的能力。[①]

就总体来讲，农业生态系统结构，指农业生态系统的构成要素以及这些要素在时间上、空间上的配置和能量、物质在各要素间的转移、循环途径。由此可见，农业生态系统的结构包括三个方面，即系统的组成成分、组分在系统空间和时间上的配置，以及组分间的联系特点和方式。

农业生态系统的结构，直接影响系统的稳定性和系统的功能、转化效率与系统生产力。一般说来，生物种群结构复杂、营养层次多、食物链长并联系成网的农业生态系统，稳定性较强，反之，结构单一的农业生态系统，即使有较高的生产力，但稳定性差。因此，在农业生态系统中必须保持耕地、森林、草地、水域有一定的适宜比例，从大的方面保持农业生态系统的稳定性。

5. 建立合理的农业生态系统结构

合理优化的农业生态系统应有以下几方面的标志：

（1）合理的农业生态系统结构应能充分发挥和利用自然资源和社会资源的优势，消除不利影响。

（2）合理的农业生态系统结构必须能维持生态平衡，这体现在输入与输出的平衡，农、林、牧比例合理适当，保持生态系统结构的平衡，农业生态系统中的生物种群比例合理、配置得当。

（3）合理的多样性和稳定性，一般情况下，如果农业生态系统组成成分多，作物种群结构复杂，能量转化、物质循环途径多的农业生态系统结构，那么，抵御自然灾害的能力强、系统也较稳定。

（4）合理的生态系统结构应能保证获得最高的系统产量和优质多样的产品，以满足人类的需要。而要建立合理的农业生态系统结构就必须从以下方面着手：①建立合理的平面结构；②建立合理的垂直结构；③建立合

[①] 李大红，蒋炳伸，孔少华. 现代生态农业技术研究 [M]. 北京：现代出版社，2018.

理的时间结构；④建立合理的营养结构等。

农业生态系统的食物链结构是生物在长期演化过程中形成的，如果在食物链中增加新环节或扩大已有环节，则会使食物链中各种生物更充分地、多层次地利用自然资源，一方面使有害生物得到抑制，可增加系统的稳定性，另一方面使原来不能利用的产品再转化，可增加系统的生产量，通常利用食物链的方式有两种，一为食物链加环，二为产品链加环。

在食物链上加环可以分为生产加环、增益环、减耗环和复合环。在产品链上加环为产品加工环，严格地说，产品加工环不属于食物链范畴，但与系统关系密切，能直接决定本系统的功能。

二、生态农业的基本原理

（一）整体效应原理

1. 整体效应原理的含义

作为一个稳定高效的系统必然是一个和谐的整体，系统各组分之间应当有适当的比例关系和明显的功能分工与协调，只有这样才能使系统顺利完成能量、物质、信息的转换和沟通，并且实现"总体功能大于各部分之和"的效果，即"1+1>2"，这就是整体效应原理。比如，海洋中珊瑚礁之所以能够保持很高的系统生产力，得益于珊瑚虫和藻类组成的高效的植物—动物营养循环。通常情况下，失去了共生藻类的珊瑚虫会因为死亡而导致珊瑚礁逐渐"白化"，失去其鲜艳的色彩，那里的生物多样性也将锐减，从而造成系统的崩溃。再如，豆科植物和根瘤菌的共生关系。

2. 整体效应原理在农业中的应用

生态农业建设的一个重要任务是通过整体结构实现系统的高效功能，农业生态系统是由生物及环境组成的复杂网络晚，由许许多多不同层次的子系统构成，系统的层次间也存在密切联系，这种联系是通过物质循环、能量转换、价值转移和信息传递来实现的，合理的结构将能提高系统整体功能和效率，根据整体功能大于个体功能之和的原理，对整个农业生态系统的结构进行优化设计，利用系统各组分之间的相互作用及反馈机制进行调控，从而提高整个农业生态系统的生产力及其稳定性。

农业生态系统包括农、林、牧、副、渔等若干亚系统，种植业亚系统又包括作物布局，种植方式等。从具体条件出发，运用优化技术，合理安排结构，使总体功能得到最好发挥，系统生产力最大，是生态农业整体效应原理的具体体现，例如，在农田病虫害的防治方面，运用综合防治技术，减少农药的使用，达到防治效果，病虫害防治是农业生产中必须解决的大问题，通过构建综合防治体系，采用生态防治技术实现病虫害的有效控制，农田系统中各组分之间（即农作物、病虫、天敌、人工辅助活动及生产环境）构成一个相互作用，不可分割，不容取代的统一整体，各组分之间密不可分的联系通过物质循环、能量转换，信息传递来实现的。它们共同来完成农田系统整体功能和农作物生育进程的，任何一个单一组分都不可能独立地完成农田生态系统的整体功能和效益，任何一个环节、组分出现失衡必然导致农田系统的总体失衡，因此，农田病虫害防治不能仅将问题归结在农田病虫群体数量与植株的受损程度上，农田病虫危害是一个普遍存在的问题（即农作物生长过程中必然伴随着病虫、天敌的生长过程），农作物病虫害防治不可能将病虫防治得干干净净，要树立农作物病虫危害程度大小是相对，而农作物受病虫危害现象是绝对的整体观念；在农田防治中就注重从整体效应和效果来看待农作物病虫害危害，全面分析农田中各因素（组分）之间是否协调，避免仅从单一数量指标上确认农作物病虫害危害。另外，农田生态系统与周边环境系统存在着必然联系，周边环境发生改变也将会影响农田病虫消长变化。因此，要全面多角度来分析，不能孤立看待农田病虫害综合防治工作，避免为防治而防治的错误发生。

（二）生态位原理

1. 生态位原理的含义

（1）生态位的概念。

生态位又称生态龛，是指生物在完成其正常生活周期时所表现出来的对环境综合适应的特征，是一个生物在生物群落和生态系统中的功能与地位，表示每个生物在环境中所占的阈值大小。比如：生存空间的大小，食性的大小，每日的和季节性的生态位，对不同环境条件的不同适应等。在自然界里，每一个特定位置都有不同种类的生物，其活动以及与其他生物的关系取决于它的特殊结构、生理和行为，每个物种都有自己独特的生态位，以便与其他物种做出区别。生态位又可分为空间生态位、营养生态位、超体积生态位、基础生态位和实际生态位等。[①]

空间生态位是指每个物种在群落内中所处的空间位置。

营养生态位是指生物对其食物资源能够实际和潜在占据、利用或适应的部分。

超体积生态位是指种群在以资源环境或环境条件梯度为坐标而建立起来的多维空间中所占据的位置。

基础生态位是指一个物种在无别的竞争物种存在时所占有的生态位。基础生态位实际上只是一种理论上的生态位，以假定一个物种种群单独存在，无其他任何竞争环境资源的别的物种的干扰为前提，在这种情况下生态位边界的设定只取决于物理和食物因素。但实际上在此生态位边界以内总是有别的竞争物种存在要与之分享资源，因此任何物种种群占有的实际生态位要比理论上的生态位小一些。

实际生态位是指有别的物种竞争存在时的生态位。一个物种在无竞争种类存在时，它的生态位的大小就只取决于物理因素和食物因素。但是在通常情况下总是有别的竞争物种存在而要分享环境资源的，因此，生态位的超型空间比它独自占领时的要小，这就是该物种种群的实际生态位。

（2）生态位理论。

生态位理论包括对生态位的测定及物种的生态位关系等，生态位测定作为一种反映物种与环境因子的吻合程度的指标或物种之间生态学相似程度或在利用资源方面相似性的一种度量指标，常用的有生态位宽度和生态位重叠等。

一是生态位宽度。生态位宽度又称生态位广度或生态位大小，是一个物种所能利用的各种资源总和。当资源的可利用性减少时，一般使生态位宽度增加，例如，在食物供应不足的环境中，消费者也被迫摄食少数次等猎物和被食者，而在食物供应充足的环境中，消费者仅摄食最习惯摄食的少数被食者，生态位宽度是生物利用资源多样性的一个指标。在现有资源谱中，仅能利用其一小部分的生物，就称为狭生态位的，能利用其很大部分的，则称为广生态位的。

---

① 胡剑锋. 高效生态农业简明读本 [M]. 杭州：浙江教育出版社，2018.

生态位宽度的测定包括未考虑资源利用率的生态位宽度测定，在生态位空间中，沿着某一具体路线通过生态位的一段距离，生态位宽度是物种利用或趋于利用所有可利用资源状态而减少种内个体相遇的程度，或为生态专一性的倒数。物种的生态位宽度越大，其对环境的适应性就越强，考虑资源利用率的生态位宽度测定包括香农·威纳指数、哈钦森指数等，可以认为生态位是一个物种所能利用的各种资源综合。

二是生态位重叠。生态位重叠是指两个或两个以上生态位相似的物种生活于同一空间时分享或竞争共同资源的现象，生态位重叠是两个物种在其与生态因子联系上的相似性，是种群对相同资源的共同利用，或者是共有的生态空间资源区域，生物群落中，多个物种取食相同食物的现象就是生态位重叠的一种表现，由此造成物种间的竞争，而食物缺乏时竞争加剧。

生态位重叠的两个物种因竞争排斥原理而难以长期共存，除非空间和资源十分丰富。通常资源总是有限额的，因此生态位重叠物种之间竞争总会导致重叠程度降低，如彼此分别占领不同的空间位置和在不同空间部位觅食等。在向某一地区引进物种时，要考虑与当地物种的生态位重叠的问题。外来物种总因数量有限、对环境尚未适应等原因处于竞争的弱势，因此，如与当地物种生态位重叠过大将会导致引种失败。根据生态位理论，没有两种物种的生态位是完全相同的，如果生态位出现部分重叠，这时就会出现严酷的竞争，而如果弱者进入强者的生态领域中，就会出现"大鱼吃小鱼，小鱼吃虾米"的状况。

三是竞争排除原理。竞争排除原理是指两个互相竞争的物种不能长期共存于同一生态位，在同一地区，肯定不会有两个物种具有相同的生态位关系。占据同一生态位的竞争种之间存在任何平衡，而必然导致一个物种将另一物种完全排除。但自然界中存在着竞争物种共存现象，自然界中常可见到竞争种共存于同一生境，很多共存的物种实际占有不同的生态位。共存的两个物种不可能完全相似（如在食性上），其相似性有一个极限，超过极限便可能发生激烈竞争乃至有一方被排除。这个临界的相似性称为极限相似性。

四是生态位分离。生态位分离是指两个物种在资源序列上利用资源的分离程度。生态位分离是指同域的亲缘物种为了减少对资源的竞争而形成的在选择生态位上的某些差别的现象。生态位分离是保持有生态位重叠现象的两个物种得以共存的原因，如无分离就会发生激烈竞争，致使弱势物种种群被消灭。

五是性状替换。性状替换可以理解为由于竞争造成生态分离的证明，指两个亲缘关系密切的物种若分布在不同的区域时，则它们的特征往往十分相似，甚至难以区别。但在同一区域分布时，它们之间的差异就明显，彼此之间必然出现明显的生态分离。这就会出现一个或几个特征的相互替换。这种性状替换现象是近缘种之间相互激烈竞争的结果。

生态位理论表明：第一，在同一生境中，不存在两个生态位完全相同的物种；第二，在一个稳定的群落中，没有任何两个物种是直接竞争者，不同或相似物种必然进行某种空间、时间、营养或年龄等生态位的分异和分离；第三，群落是一个生态位分化了的系统，物种的生态位之间通常会发生不同程度的重叠现象，只有生态位上差异较大的物种，竞争才较缓和，物种之间趋向于相互补充，而不是直接竞争。

2. 生态位理论在农业上的应用

各种生物种群在生态系统中都有理想的生态位，在自然生态系统中，随生态演替进行，其生物种群数目增多，生态位丰富并逐渐达到饱和，有利于系统的稳定。而在农业生态系统中，由于人为措施，生物种群单一，存在许多空白生态位，容易使杂草病虫及有害生物侵入占据，因此需要人为填补和调整。

利用生态位原理，一方面把适宜的、价值较高的物种引入农业生态系统，以填补空白生态位，如稻田养鱼，把鱼引进稻田，鱼占据空白生态位，鱼既除草又除螟虫，又可促进稻谷生产，还可以产出鱼类产品，以提高农田效益。生态位原理应用的另一方面是尽量在农业生态系统中使不同物种占据不同的生态位，防止生态位重叠造成的竞争互克，使各种生物相安而居，各占自己特有的生态位，如农田的多层次立体种植、种养结合、水体的立体养殖等，能充分提高生产效率。

立体农业是生态位原理在农业生产中的体现，立体农业可以合理利用自然资源、生物资源和人类生产技能，实现由物种、层次、能量循环、物质转化和技术等要素组成的立体模式的优化。构成立体农业模式的基本单元是物种结构（多物种组合）、空间结构（多层次配置）、时间结构（时序排列）、食物链结构（物质循环）和技术结构（配套技术）。目前立体农业的主要模式有：丘陵山地立体综合利用模式；农田立体综合利用模式；水体立体农业综合利用模式；庭院立体农业综合利用模式。例如，江西省泰和县的千烟洲，是一个典型的中亚热带红壤丘陵地区。这里气候资源优越，光热充足，属湿润地区，降水量大，水资源丰富，但是存在着地形地貌复杂、平原面积狭小、水土流失严重、生态环境脆弱等问题。丘陵山区耕作易导致水土流失，宜发展林牧业；缓坡和谷地不易发生水土流失，可发展耕作业；洼地积水易涝，适合发展鱼塘养鱼业。采取"丘上林草丘间塘、缓坡沟谷鱼果粮"的立体布局模式，按照农林作物的生态适应性因地制宜安排相应品种，不仅有利于充分发挥丘陵山地的土地生产潜力，减轻对有限耕地的压力，把大量闲置劳动力转移到丘陵山地的综合开发中，促进林业、畜牧业和多种经营的发展，增加农民的收入，还有利于改善环境，建立良性生态循环。

（三）食物链原理

1. 食物链的认知

食物链是指生态系统中生物成员之间通过取食与被取食的关系所联系起来的链状结构，食物网是指由许多长短不一的食物链互相交织成复杂的网状关系。食物链的类型可分为捕食食物链、腐食食物链、寄生食物链等。

食物链作为一种食物路径联系着群落中的不同物种，食物链中的能量和营养素在不同生物间传递。生态系统中的生物虽然种类繁多，但根据它们在能量和物质运动中所起的作用，可以归纳为生产者、消费者和分解者三类。

（1）生产者。

生产者主要是绿色植物，能用简单的物质制造食物的自养生物，这种功能就是光合作用，也包括一些化学合成细菌，它们能够以无机物合成有机物，生产者在生态系统中的作用是进行初级生产，生产者的活动是从环境中得到二氧化碳和水，在太阳光能或化学能的作用下合成碳。因此太阳能只有通过生产者，才能不断地输入到生态系统中，并转化为化学能力即生物能，成为消费者和分解者生命活动中唯一的能源。

（2）消费者。

消费者属于异养生物，是指那些以其他生物或有机物为食的动物，它们直接或间接以植物为食。

（3）分解者。

分解者也是异养生物，主要是各种细菌和真菌，也包括某些原生动物及腐食性动物，如食枯木的甲虫、白蚁以及蚯蚓和一些软体动物等。它们把复杂的动植物残体分解为简单的化合物，最后分解成无机物归还到环境中去，被生产者再利用。分解者在物质循环和能量流动中具有重要的意义，因为大约有90％的陆地初级生产量都必须经过分解者的作用而归还给大地，再经过传递作用输送给绿色植物进行光合作用，所以分解者又可称为还原者。

食物链上的每一个环节，被称为营养级，后一营养级从前一营养级摄取物质能量而生活。在不同营养级之间的物质能量转化传递中遵循"十分之一定律"，即上一级生物产量中进入下一级生产的部分只能有10％左右的能量转化为新的产量，其余则为生物的排泄物或呼吸消耗。因此，营养级层次的多少与能量的消耗密切相关。食物链越长，营养级层次越多，沿着食物链损失的能量就越多，能量的利用率也就越低。根据这一原理，为了减少物质能量在食物链转化传递过程中的损耗，食物链应尽量缩短，也就是说应尽早从农业生态系统中取出产品，以便把尽量多的物质能量输入人类社会系统，供给人们消费。

2. 食物链原理在农业生产中的应用

根据农业生态系统中能量流动与转化的食物链原理，可以调整农业生产体系中的营养关系及转化途径。自然生态系统中一般食物链层次多而长，并组成食物链的网络。而农业生态系统中，往往食物链较短且简单，这不仅不利于能量转化和物质的有效利用，还降低了生态系统的稳定性。因此，生态农业就是要根据食物链原理组建食物链，将各营养级上因食物选择所废弃的物质作为营养源，通过混合食物链中的相应生物进一步转化利用，使生物能的有效利用率得到提高。生态农业常以农牧结合为核心，将第一性生产与第二性生产有机统一起来，并通过食性选择使食物链加环，使生物能多层次利用，经济效益提高。如谷物喂鸡、鸡粪还田、蚯蚓喂鸡、鸡粪喂猪等形式都是食物链原理的应用。

在生态农业生产中通过食物链的加环，增加农业生态系统的稳定性，提高农副产品的利用率，提高能量的利用率和转化率，食物链加环的类型主要包括：增加生产环、引入转化环、引入抑制环等。[①]

在生产中加入一个或几个生产环，能将非经济产品转化为经济产品，如低价值的秸秆、饼粕、部分粮食饲养牛羊等。在蜜源植物开花之际，人工放蜂，利用蜜蜂的作用，既能增加果树的授粉率，又能获得蜂蜜等经济产品。

（1）增益环。

增益环是指虽不能直接生产出商品，但有利于生态环境的改善或间接提高生产环效率的加环。如处理废渣、垃圾利用等环节。

（2）减耗环。

减耗环是指通过引入一个新的环节或增大一个已有的环节，从而减少生产耗损，增加系统生产力，可以取得成本低而又不会造成环境污染的最佳效益。如利用生物防治病虫害技术等。

（3）复合环。

复合环是指具有两种以上功能的环节，复合环的加入把几个食物链串联在一起，以增加系统产出，提高系统效能，它是起到生产环、增益环、减耗环多种功能的加环。如种、养结合物质循环利用，在系统中一个生产环节的产出是另一个生产环节的投入，形成一股复合环，使系统中的废弃物多次循环利用，从而提高能量的转换率和资源利用率，获得较大的经济效益，并能有效防止农业废弃物对农业生态环境的污染。

（四）物质循环与再生原理

1. 物质循环与再生原理的含义

物质循环是指物质在生态系统中循环往复分层分级利用。再生原理是指生态系统中，生物借助能量的不停流动，一方面不断地从自然界摄取物质并合成新的物质；另一方面又随时分解为原来的简单物质，即所谓"再生"，重新被系统中的生产者——植物所吸收利用，进行着不停顿的物质循环。[②]

地球以有限的空间和资源，长久维持着众多生物的生存、繁衍和发

---

① 张原天. 农业生态原理学［M］. 哈尔滨：黑龙江教育出版社，2018.

② 李宁. 新常态下生态农业与农业经济可持续发展研究［M］. 延吉：延边大学出版社，2018.

展，奥秘就在于物质能够在各类生态系统中，进行区域小循环和全球地质大循环，循环往复，分层分级利用，从而达到取之不尽、用之不竭的效果。而没有物质循环的系统，就会产生废弃物，造成环境污染，并最终影响到系统的稳定和发展。中国古代的"无废弃农业"，就是利用物质循环生态工程最早和最典型的一种模式。

任何一个生态系统都有自身适应能力与组织能力，可以自我维持和自我调节，而其机制是通过生态系统中物质循环利用和能量流动转化。自然生态系统通过对大气的生物固氮而产生氮素平衡机制，从土壤中吸收一定的养分维持生命，然后又通过根茎、落叶、残体腐解归还土壤。

物质循环与再生包括能量多级利用和物质循环再生两层含义。两者都是指循环的是物质，能量的多级利用是指利用的是能量。比如，秸秆燃烧发电，发电是指能量，而且如果改成说秸秆燃烧后做肥料就是指物质的循环再生和物质的多级利用。

物质多级利用和物质的循环再生是有区别的，但几乎物质的循环再生都包含了物质多级利用，所以区别不是很大。如桑基鱼塘、垃圾的减量化都可以说是物质多级利用和物质的循环再生。

2. 物质循环与再生原理在农业生产中的应用

桑基鱼塘是池中养鱼、池埂种桑的一种综合养鱼方式，是我国劳动人民在长期的生产劳动中总结出的充分利用物质循环与再生，将生态效益、经济效益和社会效益三统一的农业生产体系，提高了农业生产效率。

"桑"模式从种桑开始，通过养而结束于养鱼的生产循环，构成了桑、蚕、鱼三者之间密切的关系，形成池埂种桑、桑叶养蚕、蚕茧缫丝、蚕沙、蚕蛹、缫丝废水养鱼、鱼粪等泥肥肥桑的比较完整的能量流系统。在这个系统里，蚕丝为中间产品，不再进入物质循环；鲜鱼才是终级产品，供人们食用。系统中任何一个生产环节的好坏，也必将影响到其他生产环节。珠江三角洲有句俗谚说"桑茂、蚕壮、鱼肥大，塘肥、基好、蚕茧多"，充分说明了桑基鱼塘循环生产过程中各环节之间的联系。[1]

桑基鱼塘系统中物质和能量的流动是相互联系的，能量的流动包含在物质的循环利用过程中，随着食物链的延伸逐级递减。能量的多级利用和

---

① 李道亮. 农业科技与生态养殖［M］. 北京：现代出版社，2018.

物质的循环利用：桑叶喂蚕，蚕产蚕丝；桑树的凋落物和蚕粪落到鱼塘中，作为鱼饲料，经过鱼塘内的食物链过程，可促进鱼的生长。

第三节　生态农业的技术类型与模式分析

一、生态农业的技术类型

（一）充分利用土地资源的农林立体结构类型

农业生产中单一种群落的物种多样性低，资源利用率低，抗逆能力弱，其稳产高产的维持依赖于外部人工能量的持续输入，由此带来了生产成本高、产品竞争力弱的问题。立体种植则是利用自然生态系统中各生物种的特点，通过合理组合，建立各种形式的立体结构，以达到充分利用空间、提高生态系统光能利用率和土地生产力、增加物质生产的目的。农业中的立体结构是空间上多层次和时间上多顺序的产业结构，其目标是实现资源的充分、有效利用。

植物立体结构的设计要充分考虑物种本身的生物学特性，在组建植物群体的垂直结构时，需充分考虑地上结构（茎、枝、叶的分布）与地下结构（根的分布）的情况，合理搭配作物种类，使群体能最大限度地、均衡地利用不同层次的土壤水分和养分，同时达到种间互利、用养结合的效果。例如，高秆与矮秆作物的间作套种模式、果园间作花生或蔬菜等。

农林立体模式林业生产的立体结构主要是根据林木的立地条件，通过乔、灌、草三层（上、中、下）对林中时空资源进行充分合理开发利用。并根据生物共生、互生原理，选择和确定主要种群与次要种群，建造共存共荣的复合群落。农林系统是在同一地块上，将农作物生产与林业、畜牧业生产同时或交替地结合起来，使土地总生产力得以提高的持续性土地经营系统。如"林果—粮经"立体生态模式、枣—粮间作和桐—棉间作模式。

按照生态经济学原理使林木、农作物（粮、棉、油），绿肥、鱼、药

（材）、（食用）菌等处于不同的生态位，各得其所，相得益彰，既充分利用太阳辐射能和土地资源，又为农作物营造一个良好的生态环境。这种生态农业类型在我国普遍存在，数量较多，大致有以下三种形式：

第一，各种农作物的轮作、间作与套种。其主要类型有：豆、稻轮作；棉、麦、绿肥间套作；棉花、油菜间作；甜叶菊、麦、绿肥间套作。

第二，农林间作。农林间作是充分利用光、热资源的有效措施，我国采用较多的是桐—粮间作和枣—粮间作，还有少量的杉—粮间作。

第三，林药间作。此种间作主要有吉林省的林、参间作，江苏省的林下栽种黄连、白术、绞股蓝、芍药等。林药间作不仅大大提高了经济效益，还塑造了一个山青林茂、整体功能较高的人工林系统，大大改善了生态环境，有力地促进了经济、社会和生态环境的良性循环发展。

除了以上各种间作以外，还有海南省的胶—茶间作，种植业与食用菌栽培相结合的各种间作如农田种菇、蔗田种菇、果园种菇等。

（二）物质能量的多级循环利用类型

农业生态系统的物质循环和能量转化，是通过农业生物之间以及它们与环境之间的各种途径进行的，系统的各营养级中的生物组成即食物链构成是人类按生产目的而精心安排的。[①] 另外，农业生态系统各营养级的生物种群，都是在人类的干预下执行各种功能，输出各种人类需求的产品。如果人们遵循生物的客观规律，按自然规律来配置生物种群，通过合理的食物链加环，为疏通物质流、能量流渠道创造条件，那么生态系统的营养结构就更科学合理。

农业生态系统与其他陆地生态系统一样，其营养结构包括地上部分营养结构和地下部分营养结构，地上部分营养结构通过农田作物和禽、畜、鱼等生物，把无机环境中的二氧化碳、水、氮、磷、钾等无机营养物质转化成为植物和动物等有机体；地下部分营养结构是通过土壤微生物，把动物、植物等有机体及其排泄物分解成无机物。因此，地上生物之间，地下生物之间以及地下与地上生物之间，物质及能量可归相互利用，从而达到共生和增产的目的。

农业生产上可模拟不同种类生物幕落的共生功能，包含分级利用和各

---

① 苏百义. 农业生态文明论［M］. 北京：中国农业科学技术出版社，2018.

取所需的生物结构，从而在短期内取得显著的经济效益。例如，利用秸秆生产食用菌和蚯蚓等的生产设计，秸秆还田是保持土壤有机质的有效措施，但秸秆若不经过处理直接还田，则需要很长时间的发酵分解，才能发挥肥效。在一定的条件下，利用糖化过程先把秸秆变成饲料，然后利用家畜的排泄物及秸秆残渣培养食用菌；生产食用菌的残余料再用于繁殖蚯蚓，最后才把剩下的残物返回农田，收效就会好很多，且增加了沼气生产、食用菌栽培、蚯蚓养殖等产生的直接经济效益。

（三）相互促进的物种共生类型

相互促进的物种共生模式是按生态经济学原理把两种或三种相互促进的物种组合在一个系统内，以达到共同增产、改善生态环境、实现良性循环的目的。这种生物物种共生模式在我国主要有稻田养鱼、稻田养蟹、鱼蚌共生、禽鱼蚌共生、稻—鱼—萍、苇—鱼—禽共生、稻鸭共生等多种类型。

例如，高效稻鱼共生系统（田面种稻、水体养鱼、鱼粪肥田）就是把种植业和水产养殖业有机结合起来的立体生态农业生产方式，它符合资源节约、环境友好、循环高效的农业经济发展要求。稻田养鱼在遵义市被誉为"四小工程"，即小粮仓，稻田养鱼稳定了粮食生产；小银行，实施稻田养鱼后1亩稻田可增加500～1000元的收入；小化肥厂，实施稻田养鱼后土壤氮、磷、钾的含量增加了70%左右；小水窖，实施稻田养鱼后每亩稻田增加蓄水80～100m³，连片实施1000亩，相当于建一座小二型水库，可以抵御15～20d的干旱，同时又达到了"四增""四节"的效果。"四增"即增粮、增鱼、增肥、增收。"四节"即节地、节肥、节工、节支。稻、鱼共生互利，相互促进，形成良好的共生生态系统。[①]

（四）农—渔—禽水生类型

农—渔—禽水生系统是充分利用水资源优势，根据鱼类等各种水生生物的生活规律和食性以及在水体中所处的生态位，按照生态学的食物链原理进行组合，以水体立体养殖为主体结构，以充分利用农业废弃物和加工副产品为目的，实现农—渔—禽综合经营的农业生态类型。这种系统有利

---

① 王佐铭. 现代生态与设施农业［M］. 延吉：延边大学出版社，2018.

于充分利用水资源优势，把农业的废弃物和农副产品加工的废弃物转变成鱼产品，变废为宝，减少了环境污染，净化水体。特别是该系统再与沼气相结合，用沼渣和沼液作为鱼的饵料，使系统的产值大大提高，成本更加降低。这种生态系统在江苏省太湖流域和里下河水网地区较多。例如，江苏省盐城市董村，过去仅单一生产粮食，近年来该村通过在种植业中实行用养结合，以有机肥为主，培养提高地力，粮食、棉花、油菜大幅度增产。利用食物链发展养殖业，将 150t 饲料粮和稻草骨粉等原料加工成 300t 配合饲料，饲养 1500 只蛋鸡，用鸡粪加配合饲料喂养了 900 多头肥猪，猪粪投入沼气池和用来养鱼，使原来价值仅有 4 万元的粮食和饲草等材料，通过多层次利用，产值达到了 23 万元，经济效益增加了 4.75 倍，并为市场提供了蛋、鸡、猪、鱼等食品。利用加工链多层次利用农副产品，主要是加工配合饲料。发展沼气，提高生物能利用率。用沼渣种蘑菇或养蚯蚓，塘泥用来养蚯蚓，采收蘑菇后的菌渣和蚯蚓粪施用于农田，为粮、棉、菜等农作物提供肥料。

（五）山区综合开发的复合生态类型

山区综合开发是一种以开发低山丘陵地区资源，充分利用山地资源的复合生态农业类型，通常的结构模式为：林—果—茶—草—牧—渔—沼气，该模式以畜牧业为主体结构。一般先从植树造林、绿化荒山、保持水土、涵养水源等入手，着力改变山区生态资源，然后发展牧业和养殖业。根据山区自然条件、自然资源和物种生长特性，在高坡处栽种果树、茶树；在缓平岗坡地引种优良牧草，大力发展畜牧业，饲养奶牛、山羊、兔、禽等草食性畜禽，其粪便养鱼；在山谷低洼处开挖精养鱼塘，实行立体养殖，塘泥作农作物和牧草的肥料。

这种以畜牧业为主的生态良性循环模式无三废排放，既充分利用了山地自然资源优势，获得较好的经济效益，又保护了自然生态环境，达到经济、生态和社会效益的同步发展。例如，江西省泰和县千烟洲是一个典型的红壤丘陵地区，通过中国科学院南方山区考察队和当地地方科技部门的合作，通过发展立体农业，成功地闯出了一条经济有效的农业开发利用的路子。千烟洲开发治理的成功经验，就是因地制宜，挖掘自然资源潜力，通过改变土地利用结构，调整农业生产结构，从过去的以粮食为主转变为现在的以林业为主，建立立体的农业生产体系，从而充分发挥地区农业资源的优势。这种"用材林—经济林或毛竹—果园或人工草地—农田—鱼塘"的农业布局形式，被人们形象地称为"丘上林草丘间塘、缓坡沟谷果鱼粮"。千烟洲充分利用山地资源的复合生态农业类型，为丘陵山区综合开发探索出了一条新路。

二、生态农业的模式

（一）农、林、牧、渔、加复合生态农业模式

1. 农、林、牧、加复合生态模式

农、林、牧、加复合生态农业模式主要包括农林复合生态模式、林牧复合生态模式、农、林、牧复合生态模式和农、林、牧、加复合生态模式4个基本类型。

（1）农林复合生态模式。

农林复合生态模式分布较广，类型较为丰富，主要有农林模式、农果模式、林药模式、农经模式等类型。农林模式在我国北方广大地区已普遍采用，尤其在黄河平原风沙区农田营造防护林，有效地控制了风沙灾害，改善了农田小气候，起到了保肥、保苗和保墙作用，[①] 保证了农作物的稳产丰收。常见的有点、片、条、网结合农田防护林，桐—粮间作和杨—粮间作等模式。

农果模式是以多年生果树与粮食、棉花、蔬菜等作物间作。常见的有枣—粮、柿—粮、杏—粮和桃—粮间作等模式。林—药模式是依据林下光照弱、温度低的特点，在林下栽种黄连、芍药等，使不同的生态位合理组配。农经模式是以多年生的灌木与粮食、牧草、油料及一年生草本经济作物进行间作，主要的搭配有豪粮、桑草、桐（油桐）豆、茶（油茶）瓜等。

农林复合生态模式的主要技术包括林果种植、动物养殖及种养搭配比例等。配套技术包括饲料配方技术、疫病防治技术、草生栽培技术和地力培肥技术等。以湖北的林—鱼—鸭模式、海南的胶林养鸡和养牛最为典型。

---

① 李文荣. 农业生态价值研究 [M]. 长春：吉林大学出版社，2018.

（2）林牧复合生态模式。

林牧复合生态模式是在林地或果园内放养各种经济动物，以野生取食为主，辅以必要的人工饲养，生产较集约化，养殖更为优质、安全的多种畜禽产品，其品质接近有机食品。主要有"林—鱼—鸭""胶林养牛（鸡）""山林养鸡""果园养鸡（兔）"等典型模式。

（3）农、林、牧复合生态模式。

林业子系统为整个生态系统提供了天然的生态屏障，对整个生态系统的稳定起着决定性的作用；农业子系统则提供粮、油、蔬、果等农副产品；牧业子系统则是整个生态系统中物质循环和能量流动的重要环节，为农业子系统提供充足的有机肥，同时生产动物蛋白。因此，农、林、牧三个子系统的结合，有利于生态系统的持续、高效、协调发展。

（4）农、林、牧、加复合生态模式。

农、林、牧复合生态系统再加上一个加工环节，使农、林、牧产品得到加工转化，能极大地提高农、林、牧产品的附加值，有利于农产品在市场中的销售，使农民能增产增收、整个复合生态系统进入生态与经济的良性循环。

2. 农、牧、渔、加复合生态模式

（1）农、渔复合生态模式。

农、渔复合生态模式以稻田养鱼模式最为典型，通过水稻与鱼的共生互利，在同一块农田上同时进行粮食和渔业生产，使农业资源得到更充分的利用。在稻田养鱼生态模式中，运用生态系统共生互利原理，将鱼、稻、微生物优化配置在一起，互相促进，达到稻鱼增产增收。水稻为鱼类栖息提供荫蔽条件，枯叶在水中腐烂，促进微生物繁衍，增加了鱼类饵料，鱼类为水稻疏松表层土壤，提高通透性和增加溶氧，促进微生物活跃，加速土壤养分的分解，供水稻吸收，鱼类为水稻消灭害虫和杂草，鱼粪为水稻施肥，培肥地力。这样所形成的良性循环优化系统，其综合功能增强，向外输出生物产量能力得以提高。

（2）农、牧、渔复合生态模式。

农、牧、渔模式将农、牧、渔、食用菌和沼气合理组装，在提高粮食生产的同时，开展物质多层次多途径利用，发展畜禽养殖，使粮、菜、畜、禽、鱼和蘑菇均得到增产，并使人们的经济收入逐步提高。

（3）农、牧、渔、加复合生态工程技术模式。

以德惠市为例，通过兴建大型肉鸡、肉牛等肉类加工厂和玉米、大豆、水稻等粮食加工厂，搞好农畜产品的转化和精深加工，实现种植业—养殖业—加工业相配套，建设生产与生态良性循环的农牧渔加工业复合型农业生态模式。年可加工转化粮食 1×10^6 t，实现牧业产值 18 亿元，工业产值 80 亿元，利税 18 亿元，出口创汇 2 亿美元，安排农村劳动力 6 万人，增加农民收入 4.3 亿元，人均增收 580 元。增加市财政收入 5 亿元，基本实现全市粮食产品—饲料产品—畜禽产品—畜禽深加工产品的农、牧、工、贸之间的良性循环，形成以市场为导向，以加工企业为龙头，以农户为基础，产、加、销一条龙，贸、工、农一体化的良性生态经济系统。

（二）种、养、加复合模式

种、养、加复合模式是将种植业、养殖业和加工业结合在一起，相互利用相互辅助，以达到互利共生，增产增值为目的的农业生态模式。种植业为养殖业提供饲料饲草，养殖业为种植业提供有机肥，种植业和养殖业为加工业提供原料，加工业产生的下脚料为养殖业提供饲料。其中利用秸秆转化饲料技术、利用粪便发酵和有机肥生产技术是平原农牧业持续发展的关键技术。例如，用豆类做豆腐、以小麦磨面粉等，以加工厂的下脚料（如豆渣、荻皮）喂猪，猪粪入沼气池，沼肥再用于种植无公害水稻、蔬菜等；沼气可用于烧饭和照明。

（三）观光生态农业模式

观光生态农业模式是以生态农业为基础，强化农业的观光、休闲、教育和自然等多功能特征，形成具有第三产业特征的一种农业生产经营形式。[①] 它主要包括高科技生态农业园、精品型生态农业公园、生态观光村和生态农庄 4 种模式。

（四）设施生态栽培模式

设施生态栽培模式是通过以有机肥料全部或部分替代化学肥料（无机

---

① 李向东. 农业科技助力生态循环农业 [M]. 北京：现代出版社，2018.

营养液）、以生物防治和物理防治措施为主要手段进行病虫害防治、以动、植物的共生互补良性循环等技术构成的新型高效生态农业模式。

（五）生态畜牧业生产模式

生态畜牧业生产模式是利用生态学、生态经济学、系统工程和清洁生产理论及方法进行畜牧业生产的过程，其目的在于达到保护环境、资源永续利用，同时生产优质的畜产品。[①]

生态畜牧业生产模式的特点是在畜牧业全程生产过程中既要体现生态学和生态经济学的理论，也要充分利用清洁生产工艺，从而达到生产优质、无污染和健康的农畜产品；其模式成功的关键在于实现饲料基地、饲料及饲料生产、养殖及生物环境控制、废弃物综合利用及畜牧业粪便循环利用等环节能够实现清洁生产，实现无废弃物或少废弃物生产过程。根据规模和与环境的依赖关系现代生态畜牧业，可以分为复合型生态养殖场和规模化生态养殖场两种生产模式。

第四节 生态农业绿色发展的基础与条件

第一，要更注重资源节约。资源节约是农业绿色发展的基本特征。推进农业绿色发展，就是要依靠科技创新和劳动者素质提升，提高土地产出率、资源利用率、劳动生产率，以实现农业节本增效、节约增收。

第二，要更注重环境友好。环境友好是农业绿色发展的内在属性，农业和环境最相融，稻田是人工湿地，菜园是人工绿地，果园是人工园地，都是"生态之肺"。推进农业绿色发展，就是要大力推广绿色生产技术，加快农业环境突出问题治理，重显农业绿色的本色。

第三，要更注重生态保育。生态保育是农业绿色发展的根本要求。山水林田湖是一个生命共同体，推进农业绿色发展，就是要加快推进生态农业建设，培育可持续、可循环的发展模式，将农业建设成为美丽中国的生态支撑。

第四，要更注重产品质量。产品质量是农业绿色发展的重要目标。推

---

① 张忠峰. 现代生态与设施农业［M］. 天津：天津科学技术出版社，2018.

进农业供给侧结构性改革，要把增加绿色优质农产品供给放在突出位置。当前，农产品供给大路货多，优质的、品牌的还不多，与城乡居民消费结构快速升级的要求不相适应。推进农业绿色发展，就是要增加优质、安全、特色农产品供给，促进农产品供给由主要满足"量"的需求向更加注重"质"的需求转变。

第五章　绿色生态农业的建设与供给侧改革

第一节　生态农业绿色发展相关理论

一、生态经济学相关理论

(一) 生态农业绿色发展的理论渊源

1. 马克思社会经济发展观

马克思认为，社会发展主要包括五大领域，即经济领域、政治领域、社会交往关系领域、精神文化领域、自然生态领域。现实的自然界是人化的自然，进入人类社会的自然，是在人类历史中即在人类社会的产生过程中形成的自然界是人的现实的自然界。从人、社会和自然有机整体即人类社会发展总体趋势来看，这五大领域的发展，都是社会发展的重要组成部分，它们的各自发展、协调发展形成的综合发展，就是人类社会的总体发展。马克思社会经济发展观的人学内涵包括以下三个方面：

第一，马克思明确提出了人的本质力量对象化和人的本质是实践的科学论断。马克思指出，人是对象性的存在物，有强烈追求自己的对象的本质力量；工业的历史和工业的已经生成的对象性的存在，是一本打开了的关于人的本质力量的书。在此基础上，马克思指出了"人类学"的发展观，即通过工业，尽管以异化的形式形成的自然界是真正人类学的自然界。

第二，马克思把人作为社会历史发展的立足点和最终目的，确立了马克思主义人类的本体论。马克思认为，人类的全部力量的发展成为目的本身。这就是说，人的世界是一个价值的世界，人是社会的终极目的。所以，马克思把人作为社会历史发展的本体，应该说是合理的本体论设定。人们的社会历史始终是他们个体发展的历史，而社会历史始终是他们的个体发展的历史，而不管他们是否意识到这一点。在这里，马克思指明了社会的发展和人的发展的内在联系，指出社会的发展与人的发展是同一过程的两个方面，是不可分割的统一体。

第三，马克思人学发展观具有人和社会全面发展的特征。两者互为标志，社会全面发展的集中体现是人的全面发展，而人的全面发展是社会全面发展的根本标志。

2. 经济增长理论源于物质变换理论

第一，马克思社会经济理论体系中确实包含着系统的、完整的、科学的经济增长理论。在马克思、恩格斯的著述中，的确没有直接使用过经济增长和经济增长方式这类术语。因此，马克思的经济增长理论一直没有引起人们应有的重视，也没有对其进行认真的挖掘，甚至有人提出马克思到底有没有经济增长理论的疑问。与此相反，有些学者认为马克思社会经济理论中存在丰富的经济增长思想，还有学者进一步指出在马克思的政治经济学理论体系中，经济增长理论的表现形式是社会资本的再生产问题。这是因为，经济增长问题实质上就是社会资本的再生产问题。

第二，从生态与经济相统一的发展观建构马克思的经济增长理论，其关键在于把对经济增长的理论建立在马克思物质变换理论的基础之上。有的学者正是从这个新的视角研究马克思的经济增长理论。在不同的经济发展阶段，初级资源有不同的比较优势，自然条件的差异制约经济增长。劳动过程首先是人和自然之间互动的过程，是人以自身的活动来引起，调整和控制人和自然之间的物质变换过程。这就是说，经济增长是以人对自然的支配为前提，以人与自然之间的物质变换为内容。生态经济发展的理论观点表现为：一是经济增长是社会经济因素和自然生态因素相互渗透、相互融合、共同发生作用的结果；二是经济增长是人类劳动借助技术中介系统来实现人类社会的经济社会因素和自然界的自然生态因素相互作用的物质变换过程；三是经济增长的实现条件是实现经济增长的核心问题；四是生态经济再生产中的经济再生产的总需求和自然再生产的总供给的平衡协调发展，既要受社会产品价值组成部分的比例关系制约，又要受物质形态的比例关系制约；五是经济增长本质是人与自然之间物质变换的方式，从生态经济实质来看，任何一个有人类经济活动的生态系统或者说建立在生态系统基础上的经济系统，都要求社会经济发展和自然生态发展的相互适应和协调发展。

（二）生态农业绿色发展观

综合对马克思的生态经济思想的研究，可以得出生态农业绿色发展的概念。生态农业是在环境得到保护和自然资源得到合理利用的前提下，人与自然变换中所取得的符合社会需要的标准质量的劳动成果与劳动占用和资源耗费的关系。所谓生态农业绿色发展观，就是指生态农业经济系统与社会经济系统之间，物质变换、价值转换、资源消耗所体现的劳动占用与产品生态价值关系。这样表述的理由如下：

第一，随着社会生产力的发展，人们生活质量的提高，人类对自身的发展及其与自然资源物质变换的关系认识越来越深刻，价值追求越来越高，人们的生活质量不仅表现在经济发展上，更是表现在生态价值上。这表明人类对社会进步和经济发展问题及生活质量有了更深层次的理解、认识和判断，因而要求我们对生态农业绿色发展的认识必须从单纯性的经济评判观，转变为一种经济发展和价值取向的综合性评判观，即生态价值观。

第二，生态农业供给结构创新着力于综观经济效益，并通过绿色发展反映效益的质量，涵盖了更广的内容。只讲经济效益，而不讲生态效益，或只讲微观经济效益不讲宏观经济效益，都不是一种全面的经济效益。生态农业供给结构绿色创新，既讲人与自然的价值关系，也讲人与人之间的发展关系。它要求人类的经济活动必须把微观效益和宏观效益结合起来，达到经济效益与生态效益有机的统一。

第三，人作为一种生态对象性存在，意味着人的发展以生态农业产业实际的、感性的生态对象作为存在的确证，作为自身发展的确证，并且其只能借助实际的、感性的生态对象来获得自身的发展，证实生态农业绿色发展与自身发展的统一，生态农业现实对人的发展来说不仅仅是生态对象性的纯粹客体、直观的生态现实，而且是人的自身发展的现实，是人的自身发展本质力量的表现。人在生态自然界中的存在，其实就是人通过生态自然界而获得自身发展的自我确证活动。因为人和生态自然的实在性，即人对人来说作为生态自然的存在以及生态自然界对人来说作为人的存在，已经变成某种异己的存在物，关于凌驾于生态自然和人之上的存在物的问题，即包含着对生态自然和人的非实在性的承诺问题。从近期生态需求与长期生态需求来分析，人的自身发展需要长期的生态需求，需要长期的生态效益环境。

第四，人的创造性与生态规律性的统一。马克思生态思想就是一个有规律的人的创造性与生态规律性的统一，认为人的创造就是一个有规律的人的创造性实践过程。一方面，人的创造性发展是主体满足自身的需要，实现其价值选择的过程，即符合人的主体创造目的的进程；另一方面，生态发展又是主体认识和遵循生态客观规律的进程，而不是主体不受任何生态必然性的制约、任意选择价值的过程。这从两个方面，即人的创造性的目的性与生态规律的有机统一，构成了人的内在力量与外在生态效益的统一。

（三）生态经济学理论及复合生态系统理论

下面在生态效益研究的基础上，着重对生态经济及复合生态系统理论进行分析，从而为后面系统研究生态农业绿色发展提供理论基础和分析框架。

1. 生态经济学理论

生态经济学的产生归功于生态学向经济社会问题研究领域的拓展，其通过对人类社会发展所需要的环境效应产生的一系列资源耗竭、生态退化、环境污染等问题的反思，提出经济发展应当根据自然生态原则，转变现有的生产和消费模式使其能够以最低限度的资源、环境代价实现最大限度的经济增长，从而为深入理解和认识产业系统、结构系统、环境系统、产品系统的生态特征与规律提供全新的途径和方法，也为在保持经济增长的同时解决资源利用与环境污染问题提供了理论和分析策略。生态经济学将人类经济系统视为更大整体系统的一部分，研究范围是经济部门与生态部门之间相互作用的效应及效益。其解决的问题包括：环境系统的良性循环、循环经济的良性发展、可持续发展的效应及规模、利益的公平分配和资源的有效配置。

在研究内容方面，生态经济学以研究生态经济系统的运行发展规律和机理为主要内容，包括经济学中的资源配置理论和分配理论，生态学中的物质循环和能力流动理论；生态平衡与经济平衡，经济规律与生态规律，经济效益与生态效益的相互关系。从应用研究方面，生态经济学主要研究国家生态、区域生态、流域生态、企业生态和整个地球生态在遇到种种问题时涉及的各种政策的设计与执行、国家政策与立法、国际组织与协议的制定等。

2. 复合生态系统理论

复合生态系统理论的产生和运用化解了人们认识能力有限的问题，从而把复杂系统割裂为若干子系统，促进了最基本要素的研究对科学发展作用的发挥，进一步认清了事物之间的相互联系、生态环境之间的相互效应、经济结构之间的相互制约、生态结构与经济结构之间的相互平衡。系统科学的产生和运用、为人们提供了新的认识和处理复杂系统的理论和方法，使事物的整体研究成为可能，使经济社会系统相互制约成为现实。

从生态系统的组成角度看，生态系统是由两个以上相互联系的要素组成的，是环境整体功能和综合效益行为的集合。该定义规定了组成生态系统的三个条件：一是组成生态系统的要素必须是两个或两个以上，它反映了生态系统的多样性和差异性，是生态系统不断演化和变迁的重要机制；二是各生态要素之间必须具有关联性，生态环境系统或低碳经济系统中不存在与其他要素无关的孤立要素，它反映了生态环境或低碳经济系统各要素相互作用、相互依赖、相互激励、相互补充、相互制约、相互转化的内在相关性、也是生态系统不断演化的重要机制；三是生态系统的整体功能和综观行为必须不是生态系统单个要素所具有的，而是由各生态要素通过相互作用而表现出来的。

由此可见，对于资源产业供给结构绿色的综合研究，必须借助于系统科学理论中的复合生态系统理论，基于资源供给结构绿色创新的视野，从理解创新、协调、绿色、开放、共享新发展理念角度来进行系统研究。

（四）利益集团的生态价值维度分析

1. 生态价值维度的含义

生态价值具有自己的核心价值要素和核心价值边界，当生态自然环境遭到损害或破坏的时候、就会产生一种新的价值形态和新的效益形态。生态价值和生态效益就是工业经济和农业经济发展到一定阶段的产物，也会产生与新的价值形态和效益形态相适应的一系列新政策、新制度、新理念、新观念、新行为及新方式，以维护其价值取向、价值发展、价值要素，同时，也会产生与价值维度相适应或不相适应的利益集团，出现价值维度的和谐状态或矛盾状态。生态价值维度所体现的原则就是开放、对等、共享以及全球运作，也是生态经济发展和生态效益实现的基本要求以及基本战略。

2. 生态利益集团是生态价值维度的主体

生态经济发展过程中，多种因素相互作用产生不同的利益集团，因而产生不同的价值维度主体。碳排放量和减排量会产生两个不同的利益集团，并产生两者之间的矛盾，碳排放者损害了相关者的利益、而受损者没有得到相应的生态补偿，也就失去了受损者的生态价值维度。碳排放者没有承担相应的责任，也就失去了生态价值维度的责任担当。由此，生态环境损害者和被损害者构成了生态价值两个不同的利益主体，两者之间的矛盾是否得到解决、其衡量标准就是生态价值的维度。

3. 民生是生态维度的价值所在

民生改善需要经济的发展，而经济发展在某种程度上又势必会对生态环境产生影响，如何保持经济、民生和生态三者的均衡发展，也就成为生态经济发展必须研究和解决的重要问题，马克思主义生态观主张人与自然环境的辩证统一，既承认自然环境条件的先在性，也强调人在自然环境面前的主观能动作用，即人的主体性。用当今的话来说就是坚持以人为本，必须解决和处理经济发展、生态保护与民生改善之间的内在关系，以民生利益为重。民众的生态权益维护好了，民众的生态参与权和监督权得到了实现，也就从根本上解决了经济为谁发展、生态如何发展、低碳靠谁发展的问题。这也是生态价值依靠谁来创造、依靠谁来维护的问题，从这个意义上来说，民生就是生态维度的价值所在。

二、区域经济相关理论

（一）区域经济的概念及特征

1. 区域经济的概念

在区域经济学理论中，区域是指经济活动相对独立、内部联系较为紧密、具有特定功能的地域空间。如经济作物主产区、经济作物产品加工的主产区。区域经济是指一个国家经济的空间系统，是经济区域内社会经济活动和社会经济关系的总和。区域经济反映不同地区内经济发展的客观规律及其内涵与外延的相互关系。

2. 区域经济的特征

（1）生产具有综合体特性。

区域经济是在一定区域内经济发展的内部因素与外部条件相互作用下而产生的生产综合体。每一个区域的经济发展都受自然条件、社会经济条件和宏观政策等因素的制约。自然资源中的水分、热量、光照、土地和灾害频率都影响着区域经济的发展。在一定生产力发展条件下，区域经济的发展程度受投入的资金、技术和劳动等因素的制约，宏观政策是影响区域经济发展的重要因素。

（2）区域经济具有资源体特性。

区域经济是一个综合性的关于经济发展的地理概念，具有资源开发和资源运用的资源体特性。区域内的土地资源、自然资源、人力资源和生物资源的开发和利用，是生态农业产业效益提高的影响要素。区域生产力布局的科学性和生态农业产业效益并不单纯反映在经济指标上，还要综合考虑社会总体经济效益和地区的生态效益。衡量区域经济是否合理发展、生态农业产业效益是否正常提高，应当有一个指标体系。从地区经济发展情况来看，一般包括以下方面：考虑农业发展的总体布局和生态安全，分析地区生态农业产业效益的地位和作用，生态农业绿色发展的速度和规模是否适合当地的情况；农业和非农产品的开发和建设方案能否最合理地利用本地的自然资源和保护生态环境；地区内各生产部门的发展与整个区域经济的发展是否协调；除生产部门外，还要进行能源、水利、交通、电信、医疗卫生、文化教育等区域性的基础设施建设，注意生产部门与非生产部门、产业效益与生态效益、经济效益与社会效益的相互作用关系。

（3）地区之间的全要素生产率差异很大。

中国是一个典型的具有二元经济结构特征的国家，全要素生产率地区之间的差异很大。

（二）生态农业主产区的概念与农业产业效益

1. 生态农业主产区的概念

区位是人类生产行为活动的空间，是地球上某一事物的空间几何位置，是自然界的各种地理要素与人类经济社会活动之间的相互作用在空间位置上的反映，区位是自然地理区位、经济地理区位和交通地理区位在空间地域上有机结合的具体表现，生态农业主产区是指生态农业全要素在一定区域内的相互作用、相互依赖、相互制约共同构成生态农业劳动生产率的总称。具体来讲，生态农业主产区理论是研究生态农业生产活动经济行为的空间区位及其空间全要素经济活动优化组合的理论，它探讨的是生态农业生产全要素作用的发挥、生态农业产业效益以及生态农业主产区对生态农产品主销区的贡献。

2. 生态农业主产区的特征

（1）具有生态农业产业化生产的资源特性。

生态农业主产区是特定的自然资源、经济资源、社会资源被一定区域所开发利用，并产生一定效益的经济过程的地理形态。一个经济作物主产区的资源是特定的，但资源的开发、利用与消费是生态农业产业化实现的资源条件。从生态农业生产的资源利用和产业效益的关联度看，生态农业资源及其产业效益实现的市场越广阔，对其生态农业产业效益的吸引力就越大，效益关联度就越高，与之相关的生态农业产业效益的区域性将随之扩张，出现生态农业产业效益关联性区域扩展现象。因此，一个经济作物主产区的主导产业的选择及其生态农业产业化形成过程，要么是该生态农业产业对该区域内的其他产业具有拉动与吸引作用，形成与生态农业产业相关的产业链；要么是生态农业产业化具有区域扩展力，能在更大市场空间内实现其产品价值和产业效益，并在区外找到相关联产业；要么是生态农业产业化对其他产业具有较大的影响力，区域生态农产品生产可行性与效益敏感度比较高，如生态农业产业效益实现的水利设施条件、土地条件等。这些自然资源构成了生态农业产业化实现的基础。

（2）生产条件和风险因素的区域差异特性。

在进行生态农产品生产条件区域比较前，需要先考察风险的影响。这些情况不仅表现为或多或少有些风险的区域经济作物生产供给和可获得的劳动力存在差异，还表现为生态农业生产区域内的风险也不同。生态农产品生产在某一区域与另一区域所遇到的生态风险是不同的，如含有色金属土壤所产出的农产品对人的健康带来危害，预期不到的生态农业生产的生态效益损失和关联风险承担可能不同，即使生态农业产业化生产的条件相同。

如果生态农业产业化生产条件不变，生态农业生产情况越稳定及能预料到的各种风险越多，则其生态农业产业效益损失就会越小。在某些经济作物主产区，毁灭性的霜冻、虫灾和洪灾等导致生态农业产业效益损失较大，结果是与其他产业相比，生态农业产业化生产自然深受打击。经济作物主产区这样的风险要素与农业产业效益相关，经济作物主产区生产条件的不稳定性将始终制约生态农业产业效益的提升，因此要充分考虑生产条件要素和风险影响因素。

（3）生态农业主产区要素供给的影响特性。

经济作物主产区影响了生产要素的价格，进而影响了生态农产品生产要素的供给，而生态农业产业效益的部分影响正是由此造成的。要阐释生态农业产业效益影响的本质，一般来说，应从分析供给弹性入手。为了弄清楚该问题，有必要区别要素的两种影响，即对经济作物主产区相对价格以及对生态农业主产区商品形式表现出来的某种要素价格变化的影响。

首先，从生态农业主产区劳动力要素的供给来分析。如生态农业主产区的非熟练劳动者、熟练劳动者，一定的劳动力是生态农业主产区产业效益提高的必要条件，劳动力素质高的生态农业主产区有利于发展精耕细作的现代化农业；反之，只能发展传统的粗放型农业。大量技术型、特殊化农业劳动力的移入可以提高生态农业主产区的绿色发展水平。某一种劳动力要素价格的提高可能会增加该要素的供给数量，就像非熟练劳动者与熟练劳动者的薪水差距那样，薪水差距越大，非熟练劳动者就更倾向于转变为熟练劳动者。虽然可能需要较长时间才能出现显著效果，但是总体来说，供给与相对价格是正相关关系。

其次，从市场规模的供给来分析。市场是生态农业产业效益产生的空间，也是其生态农产品价值实现的场所，生态农产品市场规模影响生态农业产业效益的持续性及合理性。一定的生态农产品生产规模是生态农业产业效益实现的前提。生态农产品市场规模决定生态农产品生产效益，生态农产品生产规模过小，生态农业产业效益就低。生态农产品市场规模也影响生态农业产业效益类型，在生态农产品市场供求规律作用下，当生态农产品供不应求时，生态农业生产的规模就会扩大；反之，生态农业生产的规模就会缩小。因此，农产品主产区的生态农业产业效益受到多种因素影响。

最后，从消费结构的变化对生态农业产业效益的影响特性来分析。社会经济和人们生活水平的提高会引起消费结构的变化，进而导致生态农产品产业化规模及结构的变化。

（三）农产品主销区的概念与生态农业产业效益

农产品主销区有几种类型，一类是国内的经济发达地区，如我国的沿海经济发展较快的省市，这类省市是农产品对外贸易发展的便利地区；另一类是国外的农产品主销区，如欧洲的部分国家，以及非洲的部分贫困国家，这类农产品的供给表现为农产品国际贸易价格，农产品的国内外贸易价格是在国内外贸易中实现的。

1. 经济增长为农产品主销区提供贸易条件

自经济学产生以来，经济增长就成为最令人感兴趣的话题。农业生态经济的增长为生态农产品主销区提供了贸易条件。

运用经济增长理论来分析生态农业主产区与生态农产品主销区的生态农业产业效益问题，对于构建生态农产品主销区概念具有重要理论指导意义。如果说经济增长，或者说生态农业经济增长在农产品主销区起了决定性的作用，那么需要解决的问题就是在生态农业主产区与生态农产品主销区之间如何实现利益的均衡。利益水平的差异会造成交易中的价格冲突，并进一步导致生态农产品主销区与生态农业主产区的利益矛盾，如何解决这一矛盾，以及实现生态农业产业效益的提高，是本书必须面对并且解决的重要理论和实际问题。

2. 生态农产品主销区概念及主要内涵

（1）生态农产品主销区概述。

生态农产品主销区的形成建立在已经知道消费市场这一假设的基础之上，这是经济和工农业分工的双重作用结果，人们总是在居住地工作、生活和消费，劳动力从一个地方转移到另一个地方时，就意味着消费市场的转移。在大多数情况下，地区内生产要素的分布决定着消费市场的形成，决定着消费市场的规模。

下面先假设自然资源、劳动力和资本的分布都是已知的，然后再研究这些因素与两者市场位置和规模的关系。如果人们所有的收入都用来消费而没有储蓄，并且在地区内居住的人们拥有这里的土地与资本，那么对于生产因素来说，在特定时期的收入和付出的价格相等。如果知道当地这些因素的分布，价格是由价格机制所决定的，那么就可以确定该区域的收入和购买力。假定个人想要拥有和控制这些生产要素，那么，个人收入和消费品需求就会通过价格机制发生关系，因此就可确定生态农产品主销市场的特点及其消费状况。

然而，应该花费在这个生态农产品主销区的部分收入被用在了其他地方，而其他地方的部分收入又被花费到这个区域。假定地区 A 的自然资源和资本可能被那些居住和消费在 A 区外的人所有，同时地区 A 的居民也可以从其他地区获取收入，那么，这就影响了地区 A 和其他地区货物的购买量和卖出量，一个生态农产品主销区的市场规模和特性不仅由当地生产要素的分布和个人偏好所决定，还取决于生产要素的所有权和生产要素的运用程度。

（2）生态农产品主销区的主要内涵。

生态农产品主销区生产要素供给随价格的变化而时常发生变化，但贸易在一定程度上是由相互依存的定价体系和实际供给确定的，这是生态农产品主销区价格规律的客观要求。如果进一步探讨价值规律的发展，则会看到要素供给受贸易波动及价格的影响。生态农业主产区与生态农产品主销区的贸易有密切关联性，社会化生产分工的基础与其说是生产要素的实际供给，还不如说是支配供给的各种条件、价值规律的作用。

问题的实质在于，生态农业主产区与生态农产品主销区之间的区际贸易（或国际贸易）、生产要素的供给与商品的需求是相互影响的。价格和贸易是实际需求和供给的结果，影响要素价格均等趋势的因素不确定，但是实际潜在的生产成本均等化的趋势是明显的。

3. 农产品主销区与生态农业产业效益

农产品主销区是农产品商品价值实现的场所，也是生态农业产业效益实现的区域。生态农业产业效益是农产品主产区高效率利用既定资源而创造的增量利润，而农产品主销区的生态农业产业效益是通过贸易反映的价格关系体现的。生态农业产业效益由利益分配机制和风险共担机制两部分构成。农产品利益分配是指农户和企业资源的组织方式以及在政府政策支持的条件下，由产权关系决定的对"合作剩余"控制权的重新分配关系，它是生态农业产业效益的核心问题，合理的利益分配机制通过一定的利益分配方式来实现，分配方式是实现分配机制的具体方法。在农产品主销区，农产品的价格也是一种市场价格机制的表现，通过一定的贸易关系、交易关系来体现，是一种等价交换关系，但这种等价交换关系是表面的，实质上具有不等价的内涵，因为农产品是一种自然风险较大的商品，这种风险主要体现在主产区，而不是主销区。

生态农业产业效益风险共担机制是指对可能出现的风险而造成的损失在农户、农业经济组织和政府之间进行分担的机制。农产品主销区有义务缴纳一定比例的农产品风险基金，使风险造成的损失在农户或农业合作经济组织成员之间进行合理分摊。这样生态农业产业效益才能在农产品主销区得到体现，农业商品"利益共享，风险共担"的原则才得到实施，生态农业主产区和农产品主销区能够共同承担市场风险和利益损失，真正结成共荣共损的利益共同体，从而使生态农业产业效益稳步提升，生态农业产业化经营体系良性运行、充满活力。

第二节　绿色生态产业的标准化建设

一、绿色生态产业标准化建设的必要性

(一) WTO 农业标准协议对我国农产品的质量产生重要影响

农业标准化是当今世界农业发展的潮流和趋势，是现代农业的重要标志。随着国际农业标准化的迅速发展，众多从事农业标准化工作的国际组织都陆续制定了组织成员必须遵守的农业生产标准。最具权威性的是国际标准化组织（ISO）颁布的近千项关于农业方面的国际标准，其中"农产食品"的标准最多。WTO 的农业标准协议从外部要求我国必须进行农业标准化的研究和实践。

（二）标准化有利于提高农产品的市场竞争力

随着农业由传统的自然经济转向大规模的商品经济，农业标准化已是大势所趋。农业标准化是指把先进的农业科研成果和成功的生产经验转化为农业生产者容易掌握、可操作性和实用性强的农业标准，把农产品从种子到产品、从种到收、从加工到保管、从包装到运输、从技术到管理等方面的先进技术加以分析和综合，经过科学试验、验证逐步形成独特的综合标准体系，然后再通过典型示范、推广应用。农业标准化既提高了农业生产者的素质，又大大提高了农产品的科技含量，降低了农业生产成本，增加了农产品的附加值，增加了农产品的竞争力，增加了农民的收入，获得了经济效益和社会效益双丰收。只有依靠农业标准化实现农业产业化，才能使农业结构调整在不断变化的市场经济中立于不败之地。

（三）加强农业执法规范化的要求

随着社会主义市场经济体制的逐渐完善，我国法治化进程明显加快，农业法治是我国社会主义法治建设的重要组成部分，是农村小康社会建设的保证条件。农业行政执法是农业法治建设的重要内容。农业标准化工作能够把先进的科学技术变为通俗易懂的标准，在标准的指导下规范农业生产的每一个行为，连接农业生产的每一个环节，使农产品有了生产、加工及产品标准，使市场经济有法可依。

二、标准化在绿色生态产业发展过程中的重要作用

标准化在绿色生态产业发展过程中有以下三方面的重要作用。

（一）制定生产标准，有利于实现"变废为宝"

农业企业里面的农牧废弃物和下脚料，在人们的惯常印象中是导致环境污染和生态灾害的"废物"，但只要利用合理，在清洁生产标准的指导下通过资源化处置的途径，就可以将其实现无害利用和产业开发，变为创造效益的宝贵资源。企业得到了切身实惠，标准化的生产模式也能得到进一步推广。

（二）制定生产标准，有利于加快产业结构优化升级和强化源头控制

标准化是经济和社会发展的重要技术基础之一，其对经济发展的贡献主要体现在它对产业结构调整的影响力。通过标准可以加快产业结构优化升级，强化源头控制，控制高耗能、高污染行业过快增长。农业标准化把农业生产中各产业链有机地结合起来，通过龙头企业对农户进行农业标准化知识的普及，快速提高农民的科技意识和生产水平；务农企业可以在相关标准的指导下，改造和淘汰高消耗、低产出、重污染的生产工艺和产品，及时调整传统产业结构、优化产品。

（三）制定生产标准，有利于加快先进适用技术研发推广和设施改造

制定生产标准可以加快先进适用技术研发推广和设施改造，淘汰落后的生产工艺与设备，这是发展绿色生态农业的关键。标准的不断丰富和发展，生产模式的总结和推行，有利于积极开展农业标准化理论与方法的研究；研究进一步完善有关农产品质量标准体系和标准化工作水平；研究体现市场对农产品优质要求的质量等级划分的科学依据和方法；研究确定农产品中有毒有害物质残留等涉及质量安全方面的限量标准及配套的检测分析方法；研究开发适用于现场应用的快速检测技术和设备；研究农业标准化示范的理论与技术途径；研究世界各国农业标准体系以及我国农业标准体系如何与国际接轨等内容和问题。

三、未来绿色生态产业标准化建设的重点

农业标准化是农产品质量安全工作的基础和重要组成部分，是现代农业的重要标志，是传统农业向现代农业转变的动力之源。在推行农业标准化工作中，各地应当立足实际，从优势产业和主导产品入手，并逐步扩大范围，提高水平。

绿色生态产业标准化建设是发展绿色生态农业的一个重要方面。长期以来，人们更多关注的是农业领域的增产增收，加之农业领域标准化的制定及执行存在一定困难，使得农业企业在标准化建设上与其他行业还存在一定差距。因此，未来要加快标准化的制定与执行，按照标准化发展绿色生态农业。

第三节　生态农业生产基地建设与供给侧改革

一、生态农业生产基地建设的优化供给意义与原则

（一）生态农业生产基地的含义

生态农业生产基地是指产地环境质量符合绿色农产品生产有关技术条件要求，按照绿色农产品技术标准、生产操作规程和全程质量控制体系进行生产管理、并具有一定规模的种植区域或养殖场所。生态农业产业化经营中的生产基地是实现农业生产者和经营者利益的关键所在——无论是资源优势，还是产品优化供给，最终都必须通过生产基地建设才可能形成经济优势和商品供给优化，生态农业产业化的成效也主要通过生产基地建设来体现。生产基地是生态农业产业化发展和农产品优化供给的载体和必要条件，生产基地建设是生态农业产业化经营的重要组成部分，其辐射能力影响着绿色农产品的生产、加工、营销及整个产业链条的运转，影响着农产品的绿色化优化供给。

（二）生态农业生产基地建设的意义

1. 生态农业生产基地建设是发展现代农业的内在要求

我国是一个农业大国，耕地面积及农业劳动力数量在全世界名列前茅，但是农业的经营方式一直都是我国现代农业发展的主要瓶颈。生态农业生产基地的规模化发展可以通过引导生产要素的流动和集中来实现生产要素的最佳组合，从而充分发挥生态农业生产基地建设的作用，这不仅降低了单位产品的生产成本，创造了品牌，优化了供给，还优化了农业资源配置，推动了生态农业产业结构调整，是适应现代化生产力要求的发展趋势。

可见，生态农业生产基地建设是深化农业结构调整、优化农业生产布局、扩大绿色农产品规模、优化农产品供给、提升绿色农产品品牌形象的

重要途径，是发展现代农业的内在要求。

2. 生态农业生产基地建设是提高农产品市场竞争力、优化农产品供给的重要举措

生态农业生产基地建设对绿色科技的供给有极大的推动和优化作用，它可以使绿色农产品实现集中连片的规模化生产，能够使绿色农产品实现多渠道、少环节、开放式经营，推动生态农业标准化生产，农业生产者的积极性也能够被充分调动起来，并提升产品质量，使我国绿色农产品的比较优势得到充分发挥。

同时，供给系统的基地建设弱化还会直接影响绿色农产品的生产加工，不能形成生态农业的产业链条或使生态农业的产业链中断，直接影响农产品的优化供给，影响农产品在流通、加工环节的利润，这无疑都会降低生态农业的生产效益和农民的收入。因此，进行生态农业产业化基地建设，对于优化农产品供给具有极其重要的现实意义

3. 生态农业生产基地建设有利于绿色农产品质量保障体系的优化供给

随着消费者食品安全意识的不断增强，绿色、生态、健康成为食品市场的主题。针对国外的技术性壁垒及各种检验检疫制度，生态农业生产基地从根源抓起，加大了对生态农业生产的科技投入和全程监控力度，而这些是靠农业生产者个体难以做到的，只有生态农业生产基地发挥集团优势才能取得效果。

生态农业生产基地建设是新阶段农产品质量安全管理的重要内容，是发展高产高效优质生态安全农业的重要手段，也是落实中共中央、国务院关于"扩大无公害食品、绿色食品、有机食品等优质农产品的生产和供应"的具体行动。

（三）生态农业生产基地建设的基本原则

创新供给、优化供给是农业产业化发展的方向。从我国生态农业产业化的发展历程来看，生态农业生产基地建设在其中发挥了积极的引导和示范作用，包括生态农产品供给的品种推广、生态农产品生产过程供给的技术示范、生态农业产业化经营方式的引导、农业生态环境建设的示范和农

业管理方式的引导等。因此，生态农业生产基地建设应遵循以下原则。

1. 多元主体供给原则

多元主体供给要求在生态农业生产基地建设中，充分发挥各级地方政府的组织领导作用，依据市场导向和生态农业发展水平，坚持"统筹安排、协调发展、分步实施、逐步推进"的办法。在生态农业生产基地建设进程中，尽管政府是最重要的主体，但是这并不影响其他一些主体同样能够发挥重要作用。

生态农业生产基地还应充分利用商会、协会等组织，发挥其调研、协调、服务等功能。发展合作社、商会、协会等组织，可以反映和收集生态农业生产经营者的要求和问题，组织制定生产标准和技术规范，协调生态农业生产经营者之间的关系。这些中介组织还能够以民间组织的角色与有关部门交涉和协商，开展相关贸易问题的对策研究，为政府有关部门提供决策依据。坚持以政府为导向、基地农户为主体、龙头企业和社会组织为补充的多元化建设主体，将有助于更广泛地调动生态农业生产基地建设的积极性和创造性。

2. 资源优化供给原则

相对于一般农业，生态农业的产业化更强调和依赖于自然资源，绿色优势资源是生态农业生产基地建设的前提条件。在生态农业生产基地建设过程中应当以资源为依托，突出区域特点和地方特色，努力实现生态农产品生产向最适宜的区域集中；应促进绿色农产品产业链条上的资源合理配置，以逐步实现稳产、高产、优质、高效、安全、低成本的生态农业绿色发展目标。资源先决原则还要求尽快实现生态农产品生产的合理布局，即一方面优化品种布局、降低生产成本，依据优质农产品的特性向优势生产基地集中；另一方面要求生态农业生产基地在生态区域上进行合理分布。要在两个或两个以上的自然生态区域进行生产，以便于较好地规避自然灾害的影响。生态农业是一个高科技含量的产业，其生产投入物不是"原始"的，而是经过科学技术改良的，这是生态农业产业化实现专业化、规模化、标准化的客观要求。

因此，生态农业生产基地建设必须要从供给侧结构性改革入手，立足于高起点供给，不仅要加强种植资源的科技改良，还要通过新技术、新工艺改造传统生产方式，提高绿色农产品的科技含量，增强绿色农产品的品质优势，提高生态农业产业化的整体效益，这是供给侧结构性改革所要达到的目标。

3. 规模供给适度原则

生态农业生产在分布上要形成一定的区域规模优势，只有这样才能突破小农经营规模不经济的瓶颈，并形成一定的产业规模优势，产生聚集规模效益，进而提高绿色农产品的比较效益。生态农业生产对产地环境要求比较严格，对产地环境进行改造将花费不小的成本，因此，应对生产基地的产地环境提前进行筛选。从这个环境供给意义上说，生态农业生产基地建设具有一定的区域性和独特性。用于生产某种绿色农产品的资源大都存在于特定的生态区域内，并有最适宜、适宜和不适宜之分，规模过大，超出适宜区生产，就会导致生态农业生产基地的改造成本增大，进而影响资源转化价值取向最大化。

因此，在生态农业产业化生产过程中要树立"最大不如优质，做大不如做强"的观念，充分考虑绿色农产品的市场需求弹性，保证生产基地的适度规模。

4. 科学高效供给原则

农产品供给结构优化要求必须科学合理，以适应生态农业产业化发展。为保证绿色农产品的质量，国家对生态农业生产过程中化肥、农药的使用量有严格的限制，绿色农产品产量的提高，主要通过加强作物自身抗病虫害能力、生物防病虫害措施、施用有机肥，以及农业生态系统内物质循环积累而获得，而一些生态农业生产技术出于资金原因尚不能大范围推广应用，造成了绿色农产品产量相对较低。要提高绿色农产品的产量，实现生态效益与经济、社会效益的统一，只有按照农业生产地或分工的要求，根据当地生态环境和资源条件，科学选择生态农业品种，从而突出特色、发挥优势，提高生态农业的效率。

因此，生态农业生产基地建设过程中要严格遵守绿色农产品认证标准与认证要求进行操作，而生态农业生产基地建设在遵守标准的基础上应更深层次地应用农业生态工程的原理规划和设计基地，使基地的综合生产力得以提高。就我国生态农业生产基地建设的现状来说，必须在实践中遵循科学高效供给原则，实现创新供给、优化结构，实现高效绿色化。

5．生态环境保护供给原则

生态农业绿色发展必须有良好的环保条件，国家对绿色农产品生产、运输、加工过程有特殊的环保要求。

（1）生态环境条件必须符合国家颁布的农业产地的生态环境标准，这是生产安全优质农产品的基本条件，即绿色农产品生长区域内没有工业企业的直接污染，水域上游、上风口没有污染源对该区域构成威胁；区域内的大气、土壤质量及灌溉用水、养殖用水均符合有关标准。

（2）质保方面必须使用低毒、低残留且易分解的农药，在栽培方面对化肥和化学合成生长剂的使用必须在不对环境和农作物质量造成不良后果的限度内。

（3）在农产品的储藏、加工、运输过程中限制添加剂、防腐剂的使用量，并制定严格的防污染措施。

二、生态农业生产基地建设的步骤与供给内容

（一）生态农业生产基地建设的实施步骤

1．基地选择

与常规农业一样，生态农业也是一种农业生产模式，且生态农业强调转换期，可以通过转换来恢复农业生态系统的活力，降低土壤的农残含量，首先要有一个非常清洁的生产环境，原则上所有能进行常规农业生产的地方都能进行绿色农产品基地建设。为了确保所选择基地符合生态农业生产基本条件，在选择基地时，必须首先按照《农田灌溉水质标准》（GB 5084—2021）和《土壤环境质量标准》（GB 15618—2018）检测灌溉用水和田块土壤质量，要达到相应种植作物的标准，水质至少要达到二级标准。在周围存在潜在的大气污染源的情况下，要按照《环境空气质量标准》（GB 3095—2012）对大气质量进行监测。

生态农业生产基地的选择要充分考虑相邻田块和周边环境对基地产生的潜在影响，应当选择环境污染较少的地方建立生态农业生产基地，确保在其周边2000～3000m范围内无污染源；选毒源、病虫源少的地方建立生态农业生产基地；在邻近农药厂、化工厂、医疗单位的地方，不能建生

态农业生产基地；选择交通便利、受交通工具污染较少的地方建设生态农业生产基地，这是因为绿色农产品种植面积较大，数量较多，需通过运输远销国内外，必须有良好的交通条件。

2. 基地规划

因地制宜地搞好生态农业生产基地规划，是生态农业产业化过程中一项非常重要的工作。在制订规划时应注意：

（1）要当对生态农业生产基地进行调查，了解当地的农业生产、气候条件、资源状况以及社会经济条件，明确在当地生产绿色农产品所可能遇到的问题。

（2）在规划整体设计上要以生态工程原理为指导，参照我国生态农业中成功的模式，在掌握生态农业生产基地基本状况的基础上，为生态农业生产基地制订具体的发展规划。

（3）在具体细节上要依据生态农业的原则和绿色农产品生产标准的要求，制订出一套详细的有关生产技术和生产管理的计划，有针对性地提出解决绿色农产品生产过程中土壤培肥和病虫草害防治等重要问题的方案。

（4）要规划建立起从土地到餐桌的全过程质量控制模式，从技术和管理层面上保障绿色农产品的正常生产。

（5）要规划生态农业产业化基地的运作形式和保障机制。运作形式包括公司加农户、公司反租倒包农民土地、公司租赁经营、农民以协会或合作社的形式组织生产等，保障机制则包括生态农业生产基地建设过程中的组织领导、资金投入等问题。

3. 人员培训

生态农业是知识与技术密集型的农业，生态农业生产基地建设牵涉的技术面更广，生态农业技术人员与生产人员了解并掌握生态农业的生产原理与生产技术，掌握生态农业生产基地建设的原理与方法，是确保生态农业生产基地顺利建设的关键。在生态农业生产基地建设过程中，必须由生态农业种植、养殖等相关领域的专家对相关的技术人员、生产人员进行以下内容的培训：生态农业与绿色农产品的基础知识；绿色农产品生产、加工标准；生态农业生产的关键技术，农业作物的栽培技术，畜禽的养殖技术；绿色农产品国内外发展状况；绿色农产品认证的要求；绿色农产品的营销策略；等等。

只有当生态农业生产基地的技术人员和生产人员真正具备了绿色农产品生产的意识，并掌握了相应的技术后，生态农业生产基地建设才能顺利进行。

4. 制订绿色农产品生产技术方案

创新供给方式，创造绿色需求，就是在制订绿色农产品生产技术方案时，强调利用生态自然的方法进行生产，禁止滥用人工合成的农用化学投入品。生态农业生产基地的生产运行不是在问题出现之后去试图解决问题，而是要在问题出现之前就能够预防问题。例如，对于作物的病虫害，要用健康栽培的方法进行预防，再辅之以适当的生物、物理的方法进行综合防治。这就要求在作物种植之前就制订出绿色农产品生产方案，并预测生产基地中所种植作物在生长过程中可能出现的病虫害，以便提出相应的防治对策。

5. 绿色农产品的生产认证与销售

生态农业生产基地开始绿色农产品生产转换后，应及早向绿色食品发展中心和绿色有机食品认证中心申请绿色农产品生产的检查与认证，做好接受检查的各项工作，使生态农业生产基地能够顺利地通过检查并获得绿色农产品生产证书。

绿色农产品获得认证后，其证书就是进入国内外绿色农产品市场的通行证。但有了证书并不意味着农产品销售就没有问题，也并不保证所生产的农产品就一定能够以高于常规农产品的价格出售。为了顺利地出售生产基地所生产的绿色农产品，需要在生产的同时先制订一个切实可行的销售方案，而不要等农产品收获后才开始寻找市场，处于被动状态。

(二) 生态农业生产基地建设的供给内容

从供给侧视角分析，生态农业生产基地建设的内容既包括一些硬件设施，也包括一些管理体系。硬件设施是生态农业生产基地建设的物质基础，管理体系是生态农业生产基地建设的运行保障。

1. 生态农业生产基地的硬件供给

(1) 平田整地，实现田园化。

田园化是适应机械化、减少劳务支出、提高农业经济效益的有效手段。目前，我国许多地方的田块大小不一，土地高低不平，必须结合水利建设、道路改造、四旁绿化营造防护林等项目平田整地，并通过平田整地，实现土地平整，以逐步过渡到田园化。至于田园化的标准则应坚持因地制宜的原则。如丘陵地区应做到坡地梯田化、陵顶平原化，平原地区则可以根据各地机械化程度的不同而有所区别，一般在地少人多、土地不平、机械化程度不高的地方，其田块可以小一些。

（2）改土培肥，创造肥沃的生产基地土层。

改土培肥的方法主要有：一是利用绿色农产品茬口间隙，发展绿肥作物；二是忌用人、畜、禽新鲜粪便，提倡发展沼气肥料；三是提倡使用腐熟的饼类肥料；四是使用有机颗粒肥料。

（3）生态农业生产基地设施的建设。

无论是用于绿色种植、绿色养殖，还是发展绿色水产，生产基地设施的建设都必须根据生产的需要，因时、因地、因生产的需求而异。生态农业产业化基地设施的建设应注重经济效益，遵循节约成本、省工、实用、降低能耗和节省生产管理费用等原则；加强山、水、林、田、路综合治理，不断改善和提高生态农业生产基地的生产条件和环境质量；加强农田水利建设，逐步实现旱能浇、涝能排的农田水利化；加强生态农业产业化基地道路建设。

2. 生态农业生产基地的管理体系建设

（1）建立综合协调的组织管理体系。

一是组建工作班子。生态农业生产基地建设是一项涉及面广、环节多的系统工程。各级政府应成立由主管部门领导和有关部门负责人组成的生态农业生产基地建设领导小组，统一指导和协调生态农业生产基地建设工作。

二是设立专门办公室。生态农业生产基地建设领导小组下面可以设置生态农业生产基地建设办公室，专门负责生态农业生产基地技术服务体系和质量保障体系的建立，并具体承担生态农业生产基地日常管理和协调工作。

三是建立健全生态农业产业化基地建设目标责任制度。

（2）建立完善的生产管理体系。

一是生态农业生产基地应在相应位置设置基地标识牌，标明基地名称、基地范围、基地面积、基地建设单位、基地栽培品种、主要技术措施等内容。

二是生产基地应确保生产者具有生态农业生产操作规程、绿色农产品使用手册等。同时，生态农业生产基地应建立"统一优良品种、统一生产操作规程、统一投入品供应和使用、统一田间管理、统一收获"的"五统一"生产管理制度，以确保生产基地和生产操作符合绿色农产品生产的技术标准。

三是建立生产管理档案制度和质量可追溯制度。建立统一的生产基地农户档案制度，绘制基地分布图和地块分布图，并进行统一编号。生产基地农户档案应包括基地名称、地块编号、农户姓名、作物品种、种植面积、土壤耕作、施肥情况、病虫害防治情况、收获记录、仓储记录及销售记录等。

3. 建立行之有效的生态农业投入品管理体系

一是建立生态农业产业化基地投入品公告制度。当地农业行政主管部门要定期公布并明示生态农业生产基地允许使用、禁用或限用的农业投入品目录。

二是建立生态农业产业化投入品市场准入制度，从源头上把好农业投入品的使用关。

三是有条件的生态农业生产基地，应建立基地农业投入品专供点，对农业投入品进行连锁配送和服务。

4. 建立完善的科技支撑体系

一是依托农业技术推广机构，组建生态农业生产基地建设技术指导小组，引进先进的生产技术和科研成果，提高生态农业生产基地建设的科技含量。

二是根据需要配备绿色农产品技术推广员，建立绿色农产品技术推广网，负责整个生态农业产业化生产建设过程中的技术指导和生产操作规程的落实。

5. 建立监督管理体系

一是生态农业生产基地应建立由相关部门组成的监督管理队伍，加强对基地环境、生产过程、投入品使用、农产品质量、市场及生产档案记录的监督检查。

二是生态农业生产基地内部，应建立相互制约的监督机构和奖惩制度。

三是建立信息交流平台，配备相应的条件，做到生产、管理、储运、流通信息网查询。

三、生态农业生产基地建设的对策

(一) 城市郊区型生态农业生产基地

从提供新供给、创造新需求的视角来看，城市郊区的区位条件优越，靠近市场，交通便利，具有资金、技术和信息优势，但城市产生的"三废"对周围环境污染严重，治理难度较大，再加上土地价格较高，生态农业适宜布局在污染较轻的城市远郊地区，发展高集约化的工厂化农业生产。其农产品主要供应城市居民的日常消费，包括一些鲜嫩易腐、不易贮存的绿色农产品，如肉、乳、禽蛋、水产品、果品等。因此，城市郊区型生态农业生产基地的建设对策具体如下：

第一，应当充分考虑城市郊区型生态农业生产的自给性，根据城市规模，面向城市需求，确定绿色农产品品种和生态农业的生产规模。

第二，严格控制城市"三废"污染物的排放量，并加强对现有环境污染的治理，改善环境质量。

第三，充分合理利用农业自然资源，减少生态农业生产过程中废弃物的排放量，避免生产本身对环境产生的污染。

第四，利用邻近中心城市的资金、技术和信息优势，加强生态农业生产新技术的应用，使之成为区域生态农业生产的示范基地和区域生态农业发展的增长极。

(二) 农村腹地型生态农业生产基地

农村腹地的生产条件优越，经营规模较大，农产品商品率较高，农业生态系统污染多来自农业生产本身，如农药、化肥、饲料添加剂的过多使用和农副产品的污染等。这种类型适合生态农业规模化生产，主要品种有粮食、经济作物、畜农产品、水农产品和水果等。因此，农村腹地型生态农业生产基地的建设对策具体如下：

第一，应充分考虑区域在全国农业劳动地域分支中的地位，选择能够突出地方特色、发挥地方优势、商品率高的生态农业品种。

第二，逐步推广生态农业技术成果，把生态农业技术逐步应用到动植物保护、土壤改良、农产品加工等方面，逐步提高农业生态环境和农产品质量。

第三，扩大现有生态农业生产的规模，提高绿色农产品生产的总量。

（三）偏远地区型生态农业生产基地

从供给角度来看，偏远地区的区位条件较差，交通落后，信息闭塞，农业技术水平和商品率较低，是我国经济相对落后的地区，但其生态条件较好，环境污染较小，农产品有害物质含量低，是天然的生态农业生产区，适宜发展农林产品、畜农产品、干果等。因此，偏远地区型生态农业生产基地的建设对策具体如下：

第一，应当面向大区域市场需求，发展商品率高的特色农产品。

第二，应加强生态环境的保护，保持良好的环境质量。

第三，积极引进资金，并用可持续发展观念和生态农业生产技术改造传统的农业生产方式。

第四，加强交通、通信等基础设施建设，加强边远地区与中心城市的联系。生态农业生产要求严格，生产过程中科技含量较高，需要充足的资金、先进的技术和素质较高的劳动力。基于上述考虑，生态农业生产基地在建设的优先次序上，首先应加强城市郊区型生态农业生产基地建设，使之成为区域生态农业生产基地，带动全区域生态农业的发展；其次加大偏远地区型生态农业生产基地建设的资金和技术投入，把生态农业生产作为落后地区农民脱贫致富的手段，缩小地区之间的贫富差距；最后全力建设农村腹地型生态农业生产基地，在维持农业高产的同时，逐步推广农业的种植、加工、运输和贮藏技术，提高绿色农产品质量，在绿色农产品供给侧取得良好经济效益的同时，保持良好的生态效益和社会效益。

第四节　生态农业产品与供给侧改革

一、农业供给侧结构性改革与产品创新的内在逻辑

（一）生态农业产品创新的内涵及需求特征

1. 生态农业产品创新的内涵

产品创新是指将某一产品的内在价值赋予新的使用价值、新的交换价值、新的价值内涵，从而改变人们的生存环境和生产环境。

随着经济社会的发展，人们的物质文化生活水平不断提高，人们的生存环境需求不断得到满足，人们的生活质量不断得到提升，人们的生活预期会越来越高，生态农业的前景越来越美好，这种环境和美好就是由生态农产品的不断创新来实现的。

2. 新产品需求的特征

（1）生态产品需求的多样性特征。

由于社会需要是多种多样的，适应多种多样的需要必须有多种多样的创新产品，社会生产分为生产资料生产和消费资料生产，各种不同的生产以其产品的不同性质、规格、型号等，会对生产资料提出千差万别的要求。人们对消费资料的需要虽然可以基本归结为吃、喝、住、穿、行的需要，但不同的气候、地域，不同的民族，不同的经济条件也会对消费资料有不同的要求，社会需要的多样性应该得到肯定。新产品的价值构成，应既体现自然生态的价值，又把人的生存与自然的发展联系在一起；既考虑合理利用自然资源，又视为需要维持良性循环的生态系统。在人发展时，既考虑人对自然的改造能力，更重视人与自然和谐相处的能力，以促进人的全面发展。在发挥新产品的价值时，既发挥产品本身自有的价值，又体现产品的生态价值和社会价值。

（2）生态新产品的需求性特征。

新产品价值的实质就是满足人的需要，人的需要不仅具有多样性，还

具有层次性。马克思将人的需要区分为生存需要、享受需要和发展需要三个层次。资产阶级经济学家马斯洛将人的需要划分为生理的需要、安全的需要、友爱归属的需要、尊重的需要、自我实现的需要五个层次。

（3）生态农产品的趋势性特征。

人类社会总是从低级向高级发展，从低速向高速发展，从低级形态向高级形态发展，人类社会是不断向前发展的，这种发展不仅有量的要求，还有质的要求。社会生产的发展不仅使劳动者的收入增加，还会提供丰富的新的产品以满足消费者新的需要。因此，社会随着生产的发展、产品的创新不断得到发展，产品的创新、人们生活水平的提高是不断由低级向高级的发展，自然资源的转换是不断由低级向高级的转换，自然条件改善是不断地从较恶劣的环境向优质的环境发展。这种发展总趋势是向好的，前景是美好的。

（二）新产品的供需矛盾与生态农业绿色发展

新产品的供需矛盾包括总量矛盾和结构矛盾，在经济发展过程中，这两类矛盾都会存在，它们会从不同的角度对生态农业绿色发展产生影响。

1. 总量矛盾对生态农业绿色发展的影响

按照马克思的经济理论，一般形态的总量是由社会总供给和社会总需求决定的，总量矛盾是供给与需求不相适应的矛盾。

经济总量矛盾包括两种状态，即总供给小于总需求，或者总供给大于总需求。前一种状态是供给短缺，满足不了需要，后一种状态是供给过剩，有效需求不足。这种供给和需求博弈反映在产品上，就是创新产品与老产品的矛盾，是老产品产能过剩，新产品供给不足。总量矛盾中，无论供小于求还是供大于求，都是一种新产品与老产品之间的合作博弈与非合作博弈的关系。供给小于需求即短缺经济，利润不能实现，贷款不能归还，租金不能支付，工资不能发放，卖不出去的产品还需花费保管费用和支付利息，同时企业不能开工，机器设备会闲置起来。因此，新产品质量也有一个博弈过程，只有生产质量过硬的能够适应社会需要的新产品，才是能够实现价值的产品。

2. 结构矛盾对生态农业绿色发展的影响

在供求结构这一对矛盾中，供给结构是矛盾的主要方面，它影响和制约着需求结构。供给结构与需求结构的博弈关系表现在以下方面：

（1）供给结构与社会需要之间的博弈关系。这种状况表现为大量需要的新产品生产不够、社会不需要的产品过剩，在这种情况下，对经济发展造成的危害有两个方面：一方面不为社会所需要的产品卖不出去，使用价值或迟或早会丧失，生产者为此要付出沉重的代价；另一方面社会所需要的得不到满足，如果生产资料得不到满足，则生产不能照常进行；如果消费资料得不到满足，则同样会影响社会生产的正常进行，这是一种非合作博弈的结果。

（2）供给结构超前与社会需要之间的博弈关系。供给结构超前是指生产的产品超过了当时社会需要的水平，即超过了消费者有支付能力的需求。如大量的高档商品房、高档电器产品、高级小轿车等卖不出去。这些产品虽然消费者希望得到，但没有钱去购买，只能"望货兴叹"，这会使产品造成积压，对生产者造成损失。这也是一种供给与生产之间非合作博弈的结果。

（3）供给结构滞后与社会需要之间的博弈关系。这种状况表现为消费者具有较强的支付能力，希望能够购买到款式新颖、功能齐全的中高档商品，但社会生产没跟上，几十年一贯制，只能生产出类型、品种等方面没有多少变化的产品。这种情况同样会使生产者生产出的产品卖不出去，造成经济损失，这同样是生产与社会需要的一种非合作博弈结果。

二、产品可持续创新与生态农业绿色发展

（一）产品创新类型

1. 模仿类产品创新

模仿类产品创新是指在创新思路和创新行为上的模仿，引进和购买率先创新者的核心技术，并在此基础上改进完善；进一步开发提升产品的品质、性能，改善农产品结构。技术上的创新要有利于节能减排，有利于资源节约型和环境友好型社会的建设，有利于生态农业效益的提高。

2. 改进型产品创新

改进型产品创新是指产品在技术上的改进和产品质量上的提升，其改

进的程度和水平取决于技术含量的高低和产品质量的高低。如果技术上没有质的进步，性能上没有质的飞跃，那么生态农业效益就不会得到提高。

3. 换代型产品创新

换代型产品创新是指一代产品的发展和运用已经到了终点，或者说这代产品已经没有市场，确实需要进行更新，这种更新不仅是产品外形的更新，更是产品技术含量的提升、产品性能的提升、产品效益的提升。

4. 全新型产品创新

全新型产品创新是指该产品在技术上有所突破、在性能上有所创新，在品质上有所提升，在品牌上有所超越，在使用上有所跨越。如新能源汽车的使用，对于空气环境的净化和提升人民群众的生活质量具有极其重大意义。

（二）创新能力是国家兴旺和企业进步的核心能力

一个国家创新能力的体现是国家科学技术发展的能力、科技运用的能力、产业结构调整的能力、经济质量提升的能力、新兴产业发展的能力、产业转型升级的能力，这类能力的运用和发挥取决于国家发展战略，取决于对科学技术重视的程度，取决于技术管理创新的水平。企业创新能力表现为企业对新技术、新材料、新工艺、新设备的运用能力，企业对新产品开发的能力，企业对新文化运用的能力，等等。这类企业能力的运用水平，取决于企业领导的现代化管理水平，取决于企业投资的决策水平，取决于对现代管理手段的运用水平，取决于思维方式的转变水平。

（三）产品创新与生态农业绿色发展

全新的产品能够满足人们物质文化生活需求的不断增长，全新的产品能够开辟广阔的市场，能够优化环境、净化空气，提升资源生态效益。但新产品与资源生态效益总是处于矛盾运动之中，有的新产品虽然有市场，有消费群体，但不一定有生态效益。如化工产品，其负面效应主要表现在对生态环境的破坏，对空气的污染，对水质的破坏，对人们健康的损害，其资源生态效益水平很低，甚至为零，但经济效益却很高，这是一种以破坏环境为代价的经济效益。

三、绿色农产品的地理标志保护与利用

（一）农产品地理标志的内涵

1. 农产品地理标志的概念

要准确认识农产品地理标志，应注意区分与其相关的两个概念，即农产品货源标记和农产品原产地名称。农产品地理标志是一个综合性的历史概念，它与农产品货源标记和农产品原产地名称具有深厚的历史渊源。

（1）农产品地理标志是农产品货源标记的子集，是特殊的货源标记，但在实践中应严格区别农产品地理标志和农产品货源标记，突出和强调农产品地理标志的质量指示作用。基于这项功能，农产品地理标志才从农产品货源标记中分离出来，自成一个独立的体系。农产品货源标记这一概念包含两个要素：①使用该标记的法律意义在于指示农产品的地理来源。农产品货源标记旨在构建农产品和产地的一般性联系，与农产品的质量无关。农产品的货源标记只代表产地的整体信誉，与农产品质量没有直接联系，更不代表农产品的特定质量品质。②农产品货源标记的构成要素无严格限定，包括直接标志和间接标志。直接标志是指能够直接表示农产品源于某一特定区域的地理名称，如自然地名、历史地名、行政区划名等。间接标志是指用于农产品上的与地理来源有关的象征性标记，它能够使消费者联想到特定地理区域，从而达到间接标示农产品产地的效果。

（2）农产品原产地名称的构成必须是一个国家、地区，或地方直接的、真实存在的地理名称，排除间接标示地理区域的象征性符号或其他与地理来源有关的标记，它表明农产品和与其指示的地理区域有内在联系。这种联系体现在农产品的质量和特征上，主要或完全取决于原产地名称所标示地域的地理环境，而地理环境又被严格限定为自然因素和人文因素。

（3）从表现形式上看，农产品货源标记和农产品地理标志可以表现为直接的地理名称和间接与地理来源相关的标记，而农产品原产地名称只可以表现为直接的地理名称。农产品货源标记只具有指示农产品地理来源的单一功能，而农产品原产地名称和农产品地理标志具有产地指示和质量指示的双重功能，两者暗含了其指示的地域地理环境，培育了农产品独有的或基本的特定质量，相对于农产品原产地名称来说，农产品地理标志增加了"声誉"一项，且只要求"质量""声誉"或"其他特征"这三项中有一项与地理来源地存在内在联系即可，而农产品原产地名称则要求农产品的质量和其他特征同时归因于产地。

2. 地理标志农产品的含义

地理标志农产品是指按照传统工艺在特定地域内生产，所具有的质量、特色和声誉在本质上取决于该产地的质量因素和人文因素，并经过国家质检总局审核批准以地理名称命名的农产品。它包括来自本地区的种植、养殖产品以及原材料全部来自本地区或部分来自其他地区并在本地区按照特定工艺生产和加工的农产品。

地理标志农产品具有以下特征：一是称谓由地理区域名称和农产品通用名称构成；二是产品有独特的品质特性或特定的生产方式；三是产品品质和特色主要取决于独特的自然生态环境和人文历史因素；四是产品有限定的生产区域范围；五是产地环境、产品质量符合国家强制性技术规范要求。

3. 农产品地理标志的基本内涵

（1）农产品地理标志表明了农产品的真实来源。农产品地理标志是一种地理名称，但它不是一般的地理名称，其为实际存在的地理名称，其涵盖的地域范围大可以是国家，小可以是省、市、县、镇、村。农产品地理标志就是特定地域内某种农产品的生产、加工者共同使用的一种商业标记。

（2）地理标志农产品具有独特品质、声誉或其他特点。农产品地理标志是具有较好声誉的地理名称，其之所以不同于一般的农产品产地名称，关键是地理标志农产品的特定质量和特色是由产地内的自然因素和人为因素决定的。这里的自然因素是指产地内的环境、气候、土质、水源、物种及天然原料等；人为因素主要指产地特有的农产品生产技术、加工工艺、传统配方或秘诀等。上述人文地理条件对农产品地理标志形成的作用是一个历史过程，它可能表现为产地内世代生产者对生产技术、生产资料等生产要素的规律性认识，进而形成稳定的农产品质量和特色，表现为公众消费者对该种农产品的质量和特色的普遍认同，由此形成产品信誉。

（3）地理标志农产品的品质或特点本质上可归因于其特殊的地理来

源，并不是每个地理名称都能自然地充当农产品地理标志。只有一项标识可以区别农产品源自特定地域，而该地域赋予农产品以突出质量、信誉或其他特征，该标识才能上升为农产品地理标志。

（二）农产品地理标志对生态农业产业化新产品开发的重要作用

农产品地理标志的合理利用，能够促进名、优、土、特等绿色农产品的产业化经营。我国农副土特产品十分丰富，通过采用国际标准实施标准化生产，提高地理标志农产品的质量、包装、标签、检验检疫等方面的标准和水平，以农产品地理标志为纽带、以龙头企业为中介，将分散的农户组织起来，以集体的面貌和力量参与市场竞争，可以有效地提高分散的农户在市场竞争中的能力和地位，提高绿色农业产业化新产品开发的能力和水平。

一方面，地理标志农产品不但被传统所接受认可，而且在国家有关部门审查、注册和登记，已经有特定的市场和消费群体。既然是被国家确定和监控的名优土特农产品，相关生产经营者就不必在农产品的市场发育方面再进行人力、物力和财力的大量投入，可以集中力量对地理标志农产品进行深层次开发。

另一方面，农产品地理标志在特定地域内的"共用性"及对特定地域外的"排他性"，不但会引导当地企业对该地理标志农产品产业的投入，而且会吸引本地以外企业投入绿色食品产业，这将努力地支持和推进绿色农业产业化发展。

（三）生态农业产业化新产品地理标志保护与利用的制度安排

1. 建立质量控制与标志保护并举的管理模式

绿色农业产业化新产品地理标志要实行以质量控制为核心的发展战略，通过质量控制增强地理标志农产品的市场竞争力。绿色农产品地理标志管理的目的不仅是知识产权保护，还是终端产品能够销售出去。绿色农产品地理标志不同于普通农产品的地理标志，产地条件和生产过程有其特殊性，为此必须重视绿色农产品地理标志的质量控制和危害风险管理，持续保持和提高绿色农产品地理标志的竞争优势和精品地位，使其声誉持续保持。同时，还要对登记的绿色农产品地理标志进行严格的保护，防止绿色农产品地理标志的平庸化和通俗化，维护绿色农产品地理标志的市场经济秩序，杜绝假冒伪劣产品，维护绿色农产品地理标志利益相关者的利益。质量控制和标志保护同步推进可以实现对绿色农产品地理标志的双重保护，并可以对已有制度进行完善和补充。

2. 建立公权与私权相结合的产权制度

从绿色农产品地理标志的产权性质上看，所有权应归国家，但为适应国际条约的要求，所有权在表现形式上可由国家委托地方政府所属组织机构、地域性行业协会等专业合作组织行使所有权，由以上组织承担日常的管理工作。绿色农产品地理标志应向专门的组织机构进行申请，国家对其授权。绿色农产品地理标志应由区域内符合绿色农产品地理标志标准条件的生产、经营者进行使用。

3. 建立登记标志与公共标识使用并行的制度

绿色农产品地理标志在登记申请时，需要提供自行设计的文字形式和标志图形，作为登记标志注册。但为了证明该地域内的生产经营者的地理标志产品符合绿色农产品的标准，便于消费者识别，绿色农产品地理标志使用者可在其产品上使用全国统一的绿色农产品地理标志公共标识。并不是地域内所有的生产者都能使用这个公共标识，而是要达到绿色农产品地理标志产品规定的条件和质量标准要求，才能使用。绿色农产品地理标志登记和公共标识受到保护，禁止任何与该登记标志和公共标识相同或相似的虚假和欺骗性行为。

（四）对转基因农产品敏感度的价格形成机制问题的分析

1. 转基因农产品的含义

转基因农产品是指利用基因工程的某些技术改变农产品基因构成，主要包括转基因植物、转基因动物和转基因生物等方面。基因能够控制物种的性状，如果基因改变了，那么机体的性能就会随之改变。如抗除草剂作物，就是在作物中引入一种能够抑制除草剂的催化酶，使作物可以在除草剂存在的环境中成长，这就是转基因的原理。

2. 转基因技术和农产品的危害及其影响

转基因技术可以降低农产品生产成本，增加其作物产量，降低生产不确定性。但转基因技术的负面影响也较多，主要包括：一是生态环境影响，转基因技术可能导致害虫或野草产生抗性，使害虫或野草不再受到外界干扰而疯狂繁殖、生长，严重影响生态系统平衡，甚至导致自然生物种群发生变异；二是食品安全影响，主要是转基因农产品在毒性、过敏反应、抗药性、免疫力等方面存在安全隐患。

转基因技术在创造分子生物学奇迹的同时也留下了巨大的悬念——由科技理性所驱动的现代性总是在解决一个问题的同时，也存在产生另一个问题的可能性。在这种情况下，转基因技术留给人们的选择只有两个：要么以风险换取技术红利，要么放弃技术红利以保安全。由于无法用科学手段排除转基因技术的不确定性，科学也能成为反对者的武器。

作为一种尖端科技，普通消费者对转基因技术的了解十分有限。很多现实实例变化扩大了反对转基因技术的社会基础，即在由少数风险意识比较强的知识分子构成的"反转"行动主体中，加入了非政府组织、社会公众人物及具有一定风险认知的普通消费者。于是，一个足以在舆论上与"挺转"方相抗衡的"反转"阵营出现在当下中国社会。

"反转"方认为，转基因技术的风险涉及三个方面，即生命安全、生态安全及国家安全。生命安全是指转基因食品可能存在毒性问题，并可能有很长时间的潜伏期，同时也无法判断对人身体的影响；生态安全来自转基因技术的分子生物学机制，即不同物种的基因相互融合，可能会造成基因污染，引发生态安全问题；国家安全则涉及核心专利技术垄断对国家安全的影响。

在人的自我保护本能中，出于维护自身安全的目的，个体总是最大限度地谋求确定性问题。因此，当科学手段无法排除转基因技术的不确定性时，不应当贸然推进转基因技术的应用。一旦转基因技术的"潜在风险"成为现实，极有可能导致严重的后果。

3. 对转基因农产品的价格抑制政策

针对转基因农产品发展方面存在的问题，在价格形成机制和价格管理方面可采取的措施如下：

（1）在转基因农产品价格形成上发挥抑制作用。对转基因农产品实行低价政策，以限制转基因农产品的贸易。

（2）加强重点环节价格管理。将转基因农产品发展中的系统性风险降到最低，为防止中国成为转基因农产品潜在价格风险和食品风险的受害国，必须在农产品进口环节做好风险防范。

（3）进行正确舆论引导。政府必须做好舆论方面的引导工作，通过真实反映问题、传播相关知识与价格信息、正确宣传转基因农产品的积极作用等方式，消除消费者对转基因农产品安全的诸多质疑。

第六章　农业经营主体培育及其绿色生态发展

第一节　新型农业经营主体的培育创新与制度创新

一、新型农业经营主体培育创新

(一) 新型农业经营主体培育创新与供给侧结构性改革概述

1. 新型农业经营培育创新的内涵与供给侧结构性改革

(1) 新型农业经营主体培育创新的内涵。

从新制度经济学的角度来看，新型农业经营主体是重要的社会资源，是产业化依托的载体，是产业化顺利发展的保障。新型农业经营主体培育创新是指在农业产业化一体化组织系统内，各参与主体之间相互联系和影响所构成的经营模式。新型农业经营主体是农业产业化经营的外在形态表现，是构成产业化组织的基本框架和载体农业的产业化经营必须按照相应的制度来运行，并靠一定的经营主体来维系。因此，新型农业经营主体培育创新是农业产业化制度和管理的重要内容。

通过建立与生态农业产业化发展相适应的经营组织模式，可以妥善地解决生态农业发展中小生产与大市场的矛盾，以及小生产与生态农业产业规模化、标准化、集约化发展的矛盾。同时，可以实现生产要素和环境资源的合理配置，生产有市场潜力和发展潜质的绿色农产品，提高生态农业生产效率，节约生产资金，还能为农村剩余劳动力创造再就业机会。另外，还能优化生态农业系统结构，使农、林、牧、副、渔各业和农村第一、二、三产业协调发展，同时借用现代科技手段，可以提高绿色农业产业系统的综合生产能力和竞争力。

（2）农业供给侧结构性改革。

农业供给侧结构性改革是按照生态农业绿色发展的总要求，改善农业的供给结构，创造和提供生态农业新的需求。三权分离的推出，进一步在法律上、制度上对农业经营体制加以规范，通过对农户土地承包权的确权、登记，通过修订相关法律，落实中央提出的农民土地承包经营权"长久不变"的政策，农民承包土地经营权流转的局面会变得更好。

从农业经营体制来看，推进新型城镇化以逐步减少农村人口，让土地经营权更多地流转、集中，实现耕地的规模经营，这是一个相当长的历史过程，更应该看到农民在这方面的创新和创造，包括扩大服务的规模。用扩大现代农业服务规模来弥补耕地经营规模的不足，这可能是我国农业经营体系创新方面的一种独特要求。正因为这样，我国一定要走出一条有自己特色的农业现代化道路，包括适合国情、村情、农情的规模化之路。其中应尤其重视两种经营主体：一种是在自己经营土地上提供农产品的经营主体；另一种是给提供产品的农户提供生产作业各环节服务的经营主体。这两方面的经验都要认真总结，这样才能为经营主体的创新提供更开阔的视野，为农业供给侧结构性改革创造更新鲜的经验。

2. 生态农业产业化经营的组织原则

（1）平衡性原则。

根据平衡性原则，生态农业产业化经营组织中的多元参与主体之间必然存在建立在组织共同目标之上的互助互利、合作博弈的经济关系。而我国生态农业产业化经营的主要力量是生产规模小且极为分散的农户，他们的主体利益只有在参与生态农业产业化经营系统的情况下，才有相应的保障。如果契约定得不合理、合作的诱因不充分，或者合作赢利被某个参与主体所垄断，那么生态农业产业化经营组织将失去活力而消亡，而且这样的生态农业产业化经营主体也必定是不平衡或不稳定的。因此，生态农业产业化经营要求农户提高组织化程度，联合起来分享产业协同效益。

（2）效率原则。

生态农业产业化经营各参与主体按照稳定的组织系统而有规律、有秩序地运作，必定产生协同效应，加之他们对经营主体的忠诚，从而产生新的价值。因此，生态农业产业化经营主体系统内部能够较好地发挥效率原则，按照产业化组织系统的目标，尽可能高效率地利用给定的资源，使效率准则成为其管理决策的一个基本原则。

（3）利益共享原则。

满足各方的利益是任何新型农业经营主体存在的目标之一，因此利益共享原则是生态农业产业化经营主体的生命，新型农业经营主体必须对其参与者有经济上的吸引力、让其能够通过生态农业产业化经营实现稳定的经济利益。根据利益共同体与市场关系相结合的原则，达到产业化经营主体的整体目标与各参与主体的个人目标的最佳结合，并以章程形式加以规定和切实地兑现，这是生态农业产业化经营主体持续发展的重要条件。

（4）协调性原则。

生态农业产业化经营主体的行为是群体性的，它不仅需要采取正确的决策，还需要各个组成部分采取协调一致的决策。运用协调性原则的一个重要特点就在于，生态农业产业化组织的各参与主体在客观上要求有较强的技术或产销上的关联性。这样，一些参与主体就可以在组织协调中，发挥技术上和经济上的协同效应，节约成本费用，创造主体协同优势。

3. 生态农业产业化经营的产业链

生态农业产业化经营主体是在生态农业生产经营的基础上形成的，因此，要研究生态农业产业化经营主体就必须了解生态农业的产业链。生态农业产业链主要包括生产、加工和销售三个环节，即生态农业生产、绿色工业加工和绿色商业销售。

（1）生态农业生产。

生态农业产业化经营的生产环节就是生态农业的生产，即按照生态学原理和生态经济规律所进行的农业生产。从事生态农业生产的首要任务就是要进行生态农业生产设计，遵循生态经济规律，运用现代科学技术手段对农业生态系统进行再构造，从而实现生态农业系统有序的结构、强大的功能、持续的效益和良好的环境目标

（2）绿色工业加工。

生态农业产业化的加工阶段相当于工业企业的生产过程，当然，这个过程采取的是绿色工业的加工模式，即采用清洁生产方式对绿色农业产品进行加工的过程。清洁生产包括清洁的生产过程和清洁的产品两个方面的内容，即不但要实现生产过程的无污染和少污染，而且生产出来的产品在使用和最终报废处理过程中也不对环境造成损害。在清洁生产的概念中不仅含有技术上的可行性，还包括经济上的可赢利性，体现经济效益、环境

效益和社会效益的统一。对生态农业产品进行绿色工业加工，就是要保持生态农产品的绿色产品性质，即通过绿色工业的加工，其产品对人体健康无害，加工过程又不带来环境污染。

（3）绿色商业销售。

生态农业产业化经营的销售环节应是绿色商业的运作，可以说就是按照绿色营销观念所进行的绿色销售。所谓绿色营销，是指企业在营销活动中要体现"绿色"，即在营销中要注重对地球生态环境的保护，促进经济与生态的协调发展，为实现企业利益、消费者利益、社会利益及生态环境利益的统一而对其产品定价、分销和促销进行策划与实施的过程。绿色销售策略包括绿色价格策略、绿色渠道策略、绿色促销策略等。

（二）中国新型农业经营主体培育创新

从农业产业化供给侧结构性改革来看，主要从新型农业经营主体培育创新的目标、影响因素、行为方式、障碍因素、对策建议等方面进行分析。

1. 新型农业经营主体培育创新的目标

（1）合理的经济效益目标.

新型农业经营主体，不管以什么形式存在，都是要合理地组织各种生产要素，使资源和市场有效配置，实现合理的经济效益。当某种新型农业经营主体不能实现其合理的经济效益目标时，必须要进行创新，以达到资源和市场配置合理化。新型农业经营主体创新的目标主要体现在：赢利能力的提高；资源的合理利用，短期利润最大化和长期价值的增长；通过市场细分扩大市场份额；产品创新，劳动生产率的提高。

（2）良好的农业生产环境目标。

生态农业产业化经营是经济再生产和自然再生产相交织的过程。要使农业自然再生产持续下去，必须重视农业生产的生态质量、环境质量。因此，新型农业经营主体培育创新应自觉地维护和改善农业生态环境，在努力提高农业经济效益的同时，有效地利用农业生态系统中的物质和能量循环，以满足人们对农产品不断增长的需要，提高人们的生活质量。

（3）良好的社会效益目标。

新型农业经营主体培育创新的社会效益目标是帮助全体农民走上共同富裕的道路，这也是由我国社会主义的本质所决定的。在实现共同富裕上可根据社会经济发展水平，特别是农业生产力状况和市场状况确定生态农业产业化经营组织内部的人力、资本、技术、管理和组织方式，以带动农村经济的快速发展，实现农民共同富裕。

（4）生态农业可持续发展目标。

可持续发展是生态农业新型农业经营主体培育创新的最终目标，可持续发展战略应特别关注各种经济生活的生态合理性、决策自主性和社会平等性，强调对环境保护行为的鼓励和对群众社会参与的支持。生态农业的可持续发展在于可持续提高农业综合生产能力以保障农产品有效供给，在增加外部能量物质投入的前提下，消除资源过度消耗和环境恶化加剧的现实和潜在威胁，要把农业生产的稳定增长建立在资源再生产能力的基础上，把资源开发利用决策建立在生态保护的基础上，作为农业系统中的各微观产业组织，应在充分保护生态环境的条件下从事农业生产，以实现农业的可持续发展。

2. 新型农业经营主体培育创新的影响因素

（1）观念因素。

必须牢固树立市场观念，面向国内和国际两个市场，考虑不同区域和不同消费层次的市场需求，做好市场调查，制订新型农业经营主体培育创新发展规划。在资源条件相同或相近的地区，积极发展主导产业和经营组织模式，逐步形成各具特色的生态农业产业带，根据绿色产业带的资源条件、生产要素结构及社会经济环境选择与之相适应的经营组织模式。

（2）主体因素。

根据参与生态农业产业化组织的经营主体和利益主体，在产业组织结构中的不同地位，选择不同的经营组织模式。绿色农业经营主体和利益主体呈多元化，它们的相对地位和作用是不一样的。家庭农场（农户）作为生态农业产业组织系统的第一车间，发挥生态农业生产基地的作用，加工企业公司起着生产与市场联结的桥梁作用，各种专业合作社提供各种专业服务，行业协会提供各种专业技术服务，并代表农户参与政府宏观决策，提供市场信息，协调市场价格和行业管理。经营主体在各地的发展状况不同，决定了主体在生态农业产业化组织机构中的地位不同，从而形成了不同类型的经营组织模式。

（3）政策因素。

政府支持和立法是生态农业产业化经营组织形式得以生存与发展的促

进因素和保证条件。生态农业产业化经营组织模式能否得以长期生存和发展，很大程度上与政府的政策导向和立法体系有着直接关系。一般而言，当政府对某种经营主体采取扶持政策或参与政策时，该经营主体牵头的生态农业产业化经营组织模式会正常发展。可见，政府政策与立法是经营组织模式生存和发展的保证条件。

（4）客观条件。

新型农业经营主体培育创新，必须与当地的生产力发展水平相适应，各地的生态农业产业化经营组织模式各有特点，不可能一蹴而就。因此，在具体工作中，既要积极，也要稳妥。必须坚持尊重农民首创精神和自愿选择的原则，必须坚持从实际出发、因地制宜的原则，必须坚持以改革促发展的原则，必须坚持大胆实践与积极引导相结合的原则。

3. 新型农业经营主体培育创新的行为方式

（1）契约一体化组织模式。

契约一体化组织模式是指参与生态农业产业化经营的各市场主体或生产经营主体，以合同契约作为制度和法律保证，界定双方之间的利益分配关系及责任风险承担，按照相互签订的合同契约承担各自的责权利，而建立起来的关系较紧密的经营组织。各生产经营主体根据生态农业产业化经营的关联需要，彼此间签订合同，规定农产品的生产品种、数量、规格、质量、供货时间、价格水平及生产的技术服务等，确立契约各方相应的权利和责任关系。这种组织形式通过合同契约，把参与绿色农业产业化经营的各市场主体或生产经营主体联结成一个整体，整体中的成员仅在合同契约规定的内容上达成共识，结成利益共同体，而在合同以外的领域，则各自完全独立，相互不干涉。

契约一体化组织模式的优点在于企业与农户两者之间，通过签订的合同契约降低了农户生产经营的不确定性，减小了农产品交易的市场风险，同时也解决了农产品难卖的问题，企业通过这种契约关系稳定了农产品的来源，有效地消除了企业管理的诸多弊端，从而降低了企业的经营管理费用。

契约一体化组织模式也存在不足，当前主要体现在它容易导致生态农业产业化经营合同附和化的问题，即合同内容由一方当事人（通常是企业）确定，而他方当事人（农户）由于不具备同等的谈判地位，对合同内容只能表示同意或不同意，这很可能使一方当事人受到不平等对待，导致其利益受损。由于还缺乏健全有效的法律监督机制，生态农业产业化经营的合同契约往往得不到严格履行，废约行为时有发生，严重制约了这种模式的发展及其作用的充分发挥。

（2）纵向一体化组织模式。

纵向一体化组织模式是指农业生产者同其产前、产中和产后部门中的相关企业在经济上和组织上结为一体，按照合约实现某种形式的联合与协作。这种组织经营模式把绿色农产品的生产、加工、销售各阶段集中到一个经营实体内，实行企业化运作、一体化经营，因此也可称为企业组织模式。

（3）横向一体化组织模式。

横向一体化组织模式是指农户根据合作社原则自愿组成各种类型的经济组织，由全体成员共同完成从生产资料供应到农业生产再到农产品销售这一产业化经营过程。它是生态农业产业化经营实践中的又一新兴组织模式，它可以通过合作服务组织为农户专业化经营提供产前、产中、产后的社会化服务，以降低农户面临产品与要素两种市场交易费用的风险。生态农业的横向一体化经营可以把千百万分散的小规模农户在家庭经营的基础上直接组织起来，以"集团军"的形式共同进入市场，同时又保证了各农业生产者的生产经营独立性。这种经营组织内的会员在利益关系上是高度一致的。

横向一体化组织模式的优点在于它是农民自发组织起来的合作组织，代表着广大会员的利益，能够通过适当的合作把农户与市场连接起来，起到了关键的纽带作用，同时，这些合作组织还能够提高农户在面对外部市场时的谈判地位，有利于形成农户的自我保护机制。

以横向一体化的组织形式发展生态农业产业化经营，可以提高生态农业的市场集中度和规模效应，改变生态农业的市场结构，提高农民同工商企业的协商能力和与政府的对话能力，从而达到使生态农业以平等的贸易伙伴身份与非绿色农业进行公平竞争的目的。

（4）中国特色家庭农场时代特征的表现形式。

农户家庭经营、农业收入为主、市场主体资质、现代化生产经营是中国特色家庭农场的主要时代特征，预示着其较以往小规模家庭经营具有更高的生产效率、更优的生产效益，并更能满足生产者、消费者及整个社会的利益诉求，即追求更加卓越的经营、财务和社会绩效，这是中国特色家庭农场时代特征的集中表现。

二、新型农业经营主体培育的制度创新

（一）新型农业经营主体创新与制度创新的内涵及特征

1. 创新的内涵及特征

新型农业经营主体培育创新，就是利用生产要素，通过知识、科学、技术等因素来提升产品的质量，提高新型农业经营主体的核心竞争力。

2. 制度创新的内涵及特征

根据马克思的生产力与生产关系理论，经济制度是人类社会生产力发展到一定阶段占主导地位的生产关系的总和。不同的生产关系总和构成该社会的经济基础，并决定政治、法律制度及人们的社会意识。因此，经济制度是上层建筑赖以建立的基础。在马克思看来，任何社会的生产都是在一定的生产关系及其制度条件下进行的，生产力的发展决定了人类历史上相继存在的各种社会形态和经济模式，这种社会制度演进的不同经济模式实际上就是同生产力的发展阶段相适应的生产关系或经济结构，以及与一定经济结构相适应的政治、文化和法律的上层建筑。这里所指的制度既包括法律制度、经济制度等由国家执行的博弈规则（外在制度或正式制度），也包括文化制度、传统习俗、伦理道德等由社会执行的博弈规则（内在制度或非正式制度），最终两种制度共同作用促进技术创新的微观主体——新型农业经营主体进行技术创新。

（二）新型农业经营主体培育创新与生态农业产业化创新体系

1. 创新体系的概念及其层次

（1）创新体系的概念。

创新体系的内容极其丰富，包括组织结构创新体系、经济结构创新体系、生产结构创新体系、消费结构创新体系、产业结构创新体系、产品结构创新体系、科技结构创新体系、文化结构创新体系、法律结构创新体系、行为结构创新体系、生产要素结构创新体系、制度结构创新体系等。

综上所述，创新体系是指经济发展过程中多个国家、多个参与者、多个系统要素、多个动态系统相互作用、共同作用的概括和总结。

（2）创新体系的层次性。

从合作博弈与非合作博弈的角度分析，每个发展中国家都有自己的问题，面临经济发展产品升级、生态效益的挑战，因此，从多层次角度来看，可以考虑采用复杂创新体系，有两个层次至关重要，即国家层次和企业层次。

2. 新型农业经营主体创新能力与生态农业绿色发展的关系

（1）新型农业经营主体创新能力的提升建立在生态农业绿色产业化发展的基础之上。

经济增长理论表明，经济增长是一个多种因素交互作用的连续的非均衡的过程，影响长期经济增长的因素可归结为两个：一是土地、劳动、资本等生产要素的规模；二是生产要素之间的组合关系或要素生产率。各种生产要素不仅对长期经济增长起作用，其之间的组合关系也在很大程度上决定着经济增长速度及新型农业经营主体的创新水平。单纯依靠要素投入增加在短期内会实现经济的高速增长、生态农业绿色产业化效率的提高，但这种增长和提高方式面临着要素供给能力不足和边际资源递减的双重制约，因此，构建在要素密集投入基础上的经济增长通常是难以持续的，而要素间的相互作用或要素生产率提升是长期经济增长和新型农业经营主体创新的真正源泉。

（2）新型农业经营主体培育创新的经济因素和生态因素。

新型农业经营主体培育创新就是社会经济因素和自然生态因素相互渗透、相互融合、共同发挥作用的结果。劳动生产力是由多种情况决定的，其中包括工人的平均熟练程度、科学的发展水平和它在工艺上应用的程度、生产过程的社会结合、生产资料的规模和效能，以及自然条件。上述决定经济增长的五大因素中，前四个因素作为社会经济因素都有自然基础，因而这五大因素实质上是社会经济因素与自然生态因素的有机统一。作为自然历史过程的社会过程是个人在一定的社会形式中并借这种社会形式而进行的对自然的占有，是人通过自己具有能动性的创造性劳动，使人的本质力量发挥的对象化过程，这就是自然环境生态条件和人、社会之间不间断的物质变换的经济增长过程。从人的创造性劳动与生态农业绿色产业化发展合作博弈及非合作博弈角度分析，在这个过程中，不但强调人的创造性劳动的能动性，而且更重视人的本质力量的发挥受制于自然基础及其生态环境所能容允的程度。新型农业经营主体培育创新建立在生态的自然基础上，而不能超越自然生态系统承载力，这是新型农业经营主体培育创新必须遵守的生态规则。

新型农业经营主体所创造的经济增长是人类劳动借助技术中介系统来实现人类社会的经济社会因素和自然界的自然生态因素相互作用的物质变换过程。经济增长的自然生态因素进入作为自然历史过程的社会生产过程之中，已经由经济系统的外生变量转化为经济增长经营主体创新的内生变量，成为决定农业经营主体创新的内在因素。由此形成的生态经济发展创新理论，构成了新型农业经营主体培育创新与生态效益的统一。

（3）新型农业经营主体培育创新的宏观条件是实现企业经济增长的核心问题。

新型农业经营主体培育创新实质上是企业产品在实物和价值形式上如何补偿的问题，这是企业资本再生产的核心问题、依据社会经济因素和自然生态因素相统一的发展观，自然环境、生态条件、人和社会之间不间断的物质变换的经济增长过程，在本质上是生态经济再生产过程。

新型农业经营主体培育创新的实现问题，实质上是经济再生产和自然再生产过程中的消耗，在价值上如何得到补偿、在实物上怎样得到替换的问题，只有在生态经济再生产中的消耗能够从社会产品中得到相应补偿的条件下，生态经济再生产才能顺利进行。人们全面需求的发展，要求社会除了生产物质产品外，还必须生产满足人们的发展、享受需要的精神产品（既有服务产品又有实物产品）。所以，企业自主创新要适应这些方面的需要，在精神产品方面所体现的非物质形态的劳动成果，如文艺服务、教育服务、技术服务、保健服务、旅游服务等。它们能满足人们的全面需求，也应纳入社会产品的范畴。同样，这也是新型农业经营主体创新的内容。因此，新型农业经营主体创新按其满足需要的内容应该分为物质产品、精神产品与生态产品。随着经营主体创新的发展和现代生态经济系统基本矛盾运动的不断加深，生态产品在现代经济发展中的地位不断提高。适宜的空气、充足的阳光、清洁的淡水等，这些生态产品构成经营主体创新的生产要素，直接构成全体社会成员的消费对象，即人口再生产的基本条件。过去企业的生产，是按其固有的自然规律，没有人类劳动的参与，也可以自发地生产出来，现在则不行，它们按其固有自然规律，或多或少需要人类劳动的参与，才能再生产出来。离开生态产品，把现代社会再生产的客观问题只局限于物质产品和精神产品的实物产品，就把产品客观问题缩小和简单化了，就会导致再生产理论与现代经济社会的消费结构与生产结构相悖，从而产生企业与生态农业效益的非合作博弈结果。

生态经济再生产中的经济再生产的总需求和自然再生产的总供给的平衡协调发展，既要受社会产品价值组成部分的比例关系的制约，又要受企业生产物质形态的比例关系的制约。所以，新型农业经营主体创新中，生态经济再生产过程中的消耗，能够从社会产品中得到实物和价值的补偿，就要求社会产品必须保持一个相应的实物构成和价值构成，使企业生产符合生态经济再生产的客观要求，生态经济再生产就能顺利地进行，否则，就会使再生产过程发生困难。因此，想要实现生态与经济相协调的发展，就必须增强生态农业经营主体创新能力，这种创新建立在对生态消费进行实物和价值补偿的基础上。协调好物质补偿关系和价值补偿关系，仍是新型农业经营主体培育创新实现的必要条件。

（三）新型农业经营主体培育创新与生态农业生产要素创新

1. 生态农业生产要重视的趋势

（1）生态农业绿色农产品的需求总量持续增长。

城乡居民收入和消费水平的提高，为居民绿色消费结构升级和消费需求分化奠定了重要基础，也对农产品绿色需求总量和需求结构的变化产生了深刻影响，基本的趋势如下：

一是社会对绿色农产品需求总量持续增长，绿色需求结构多元化持续推进。近年来，农村和城市居民对一般性粮食和蔬菜的人均消费量有所下降，而对绿色粮食和蔬菜的需求量有所上升；农村居民人均植物油消费量、城乡居民人均猪肉羊肉消费量稳中略增，城乡居民水产品消费量在经历较长时期的增长后趋于稳定。从国内外经验看，城乡居民对猪牛羊肉、家禽、水产品等养殖产品消费总量的增长，以及农产品加工业发展对动物毛皮、内脏、骨、血等养殖业副产品需求的增长，会带动社会对饲料粮需求以及粮食需求总量的增长。因此，绿色农业产业化发展对绿色资源的需求总量将呈增加趋势，农产品需求结构绿色多元化也会加快推进，实现绿色农产品供求平衡的难度在总体上将呈增大趋势。城乡居民绿色消费结构升级，也将带动绿色农业产业化发展。

二是不同类型消费者的绿色农产品消费需求加快分化，消费市场进一步细分。随着收入水平的提高和收入分化，城乡居民对绿色农产品需求的增长日益呈现个性化、差异化和多样化趋势，专用化绿色农产品、绿色加工食品、品牌食品和安全化、优质化、体验化食品日益成为绿色农产品需求增长的重点，甚至在产品功能之外对农业生产、生态功能的需求日益成为生态农业需求的新增长点，生态农业发展的科技、教育、文化内涵和生态休闲、旅游观光等生态体验功能也将日益受到重视。这也导致生态创新供给、引导、凝聚、激发生态农业需求的重要性和紧迫性迅速显现。如许多地方通过激活生态农业的景观功能，引导和激发生态农业新需求。

值得注意的是，近年来，城镇化和人口老龄化对居民绿色消费结构升级和绿色消费需求分化的影响也在迅速深化。城镇化和老龄化趋势的发展，导致生活方式转变对绿色农产品消费需求的影响日益深化，加剧了生态农业需求增长的个性化、差异化、多样化、安全化和优质化趋势。

（2）要素成本提高对生态农业绿色产业化发展的影响不断深化。

近年来，中国绿色农产品成本和机会成本的提高，以及生态农业绿色产业化经营比较效益的下降，在很大程度上可以归因于生态农业要素成本的迅速提高和农业的粗放经营。

在我国农民收入总量持续快速增长的同时，虽然农民来自生态农业的纯收入仍呈增长态势，但生态农业对农民增收的相对贡献能力已经呈现趋势性减弱。随着生态农业对农民增收相对贡献能力的趋势性减弱，提高生态农业效益的重要性和紧迫性更加突出。否则，由于生态农业绿色产业化经营主体缺乏生产经营积极性，生态农业产业化经营副业化和兼业化将会迅速普遍化。

（3）生态农业专业化、规模化、集约化的迅速推进有效带动了生态农业产业化发展方式的转变。

在微观层面，生态农业专业化、规模化、集约化的推进，往往表现为农户规模经营的发展，以及种养大户、家庭农场、农业合作社、龙头企业和工商资本等新型农业经营主体、新型生态农业服务主体的成长。相对于普通农户，新型主体的成长也对新型生态农业服务主体的发育及其规模化和产业化提出了新的更高要求。近年来各种生态农业新型服务主体的成长，不仅有效促进了生态农业的节本增效和风险降低，还同生态农业专业化、规模化、集约化的发展形成了良好的互动效应。

在中观层面，生态农业绿色发展的区域专业化、规模化和集约化，也对推进生态农业生产性服务业的发展及其集群化、网络化提供了强劲的需求拉动。由于区域层面生态农业发展的集群化和连片化迅速推进，主要绿色农产品生产向优势产区集中的步伐明显加快，绿色农产品主产区与主销区的空间距离扩大，实现绿色农产品供求平衡对农产品流通特别是物流体系的需求明显增强。

（4）高技术化是生态农业绿色发展的重要趋向。

高技术化是指生态农业在未来发展逐步走向以生物技术、电子信息技术和新材料为核心技术的高技术农业的过程。这就使得生态农业现代化经济体系发生了深刻的变化：

一是科学技术研究转向以生物技术、信息技术为主的发展。目前生物技术和信息技术已渗透到农业的各个生产领域，极大地拓展了生态农业生产的领域和范围，提高了生态农业绿色发展的可控程度。

二是农业机械和自动化转向采用高新技术武装农业机械，使高新技术密集型的农用机械进入生产领域，如在联合收割机、播种机、施肥机等农用机械上安装全球卫星定位系统，采用农用智能机器人收获农产品，使用农用飞机进行施肥、施药等。

2. 新型农业经营主体培育创新需要注意的因素

（1）推进生态农业发展的创新驱动因素。

推进生态农业发展的创新驱动，从根本上说是为了解决三方面的问题：一是促进生态农业绿色产业化发展更多地依靠科技进步和劳动者素质的提升，促进生态农业的节本增效升级，并降低生态农业经营风险；二是推进生态农业的组织创新和制度创新，促进新型农业经营主体的发育和农户等传统经营主体的改造，完善生态农业经营主体之间的利益联结机制，通过增强生态农业经营主体的竞争力，更好地增强生态农业竞争力；三是完善生态农业绿色产业化发展的生产性服务业发展环境，优化其激励机制，积极发挥其对生态农业发展方式转变的引领、支撑和带动作用。

生态农业生产性服务业的发展，通过促进生态农业的服务外包和分工分业，不仅可以为生态农业劳动力老弱化的背景下"谁来种田养猪""如何种田养猪"提供有效出路，也可以为促进生态农业的节本增效升级、农产品的产销对接和提升生态农业价值链提供重要途径。推进生态农业发展的创新驱动，要把促进新型经营主体的发育与促进新型服务业主体的成长有机结合起来，努力形成"新型经营主体＋新型服务主体＋普通农户"的现代生态农业发展格局，以普通农户为主力军、新型经营主体为生力军、新型服务主体为引领支撑，合力推进现代生态农业发展。

鉴于当前生态农业产业链、价值链的整合协调机制亟待健全、跨国公司对中国提升生态农业价值链甚至维护生态农业产业安全的挑战日益增多，引导生态农业绿色产业化龙头企业、农民合作社甚至进入生态农业的工商资本按照推进农村一、二、三产业融合发展的思路，延伸产业链、优化供应链、提升价值链，鼓励其成为领导型企业日益重要。

（2）以改革创新持续释放土地红利的因素。

改革开放以来，我国坚持和完善社会主义土地公有制，通过实施农村土地承包经营、城镇土地有偿使用、土地确权赋能等一系列改革创新，加快了工业化、城镇化和农业现代化进程，释放了巨大的土地制红利。但是，随着现实问题的凸显，现行土地的持续性和有效性正经受重大考验。面对新情况、新问题，一些地方积极开展土地管理制度改革探索，积累了新经验。实践表明，支持我国生态农业持续发展的土地制度优势依然存在，在坚持永久性基本粮田制度的前提下，进一步深化改革、着力创新，完全可以释放更多红利。

一是创新城乡土地开发利用制度，拓展建设发展空间。经济发展进入新阶段，土地供需矛盾突出。一方面，城镇化和新农村建设持续推进，区域发展、民生建设力度空前，用地需求刚性增长难以逆转；另一方面，不少地方资源环境承载力接近极限，严守耕地和生态保护红线导致土地供给刚性约束不断强化。显然，仅靠外延扩张增加建设用地的老路已走不通，必须寻找新途径、新办法。近年来，一些地方统筹经济发展、生态农业发展和耕地保护，创新城乡土地开发利用制度，为稳增长开辟了新的空间。地方政府应规范推进城乡建设用地增减挂钩，向结构优化要空间。城乡建设用地增减挂钩是对农村建设用地进行整治复垦，在优先满足宅基地需求和农村发展用地的基础上，将结余的用地指标按规划调剂给城镇使用，并将指标增值收益全部返还农村，支持生态农业现代化经济体系建设，改善农村生产生活条件。

二是完善土地经营权流转制度，有序推进土地流转和适度规模经营。土地流转和多种形式规模经营，是生态农业绿色发展的必由之路，也是农村改革的基本方向。在土地确权和所有权、承包权、经营权三权分置的基础上，应鼓励农民在保持农村土地集体所有权性质不变的前提下保留承包权，将经营权转让给其他农户或其他经济组织。在土地流转实践中，既要加大政策扶持力度，鼓励创新农业经营体制机制，又要因地制宜、循序渐进。

继续加大新型农业经营主体的培育力度。新型农业经营主体是解决"谁来种地"问题的关键资源要素，是农村土地流转的重要拉动力量。国家应切实加大对新型农业经营主体的扶持力度，在政策、项目、资金等方面给予重点倾斜，促进其做大做强。家庭农场兼具家庭经营和规模经营的双重优势，是单户承包和大户种植的"升级版"，也是未来粮食等大宗农产品生产的主体。近两年，虽然国家有关部门出台了促进家庭农场发展的指导意见，但达不到理想的专项扶持力度，未来需进一步增强政策倾斜性，提升政策的"含金量"。

加大对生态农业金融的支持力度。土地经营权有序流转和发展农业适度规模化经营所需要的资金主要来自三个方面：自有资金、银行贷款、政府补贴。目前来看，除了自有资金和农业"四项补贴"外，农民最需要的是来自银行的贷款。因此，国家在修改完善《农村土地承包法》等相关法律的基础上，应尽快出台土地经营权抵押贷款的具体办法和实施细则。

严格控制工商资本。在土地流转的过程中，要严格落实农业部、中农办等部门加强对工商企业租赁农地监管和风险防范的意见。对工商资本租赁农户承包地实行上限控制（面积和期限），建立分级备案和风险保障安全制度，探索建立资格审查、项目审核制度，加强事中、事后监管，定期对企业的经营情况和风险防范措施开展监督检查，严控工商资本给土地流转带来的负面效应。

扩大整省推进土地确权登记试点范围。确权登记颁证是土地流转的一项前提和基础性工作，如果权没确、证没发、四至不清，那么即使进行了土地流转，也会留下后患。

第二节　农业经营主体培育与绿色知识经济的发展

一、生态农业绿色知识经济的内涵及特征

生态农业绿色知识经济是以绿色知识为基础的经济。生态农业绿色知识经济的实质和灵魂是农业现代化经济体系所展现的绿色知识、绿色产业、绿色产品、绿色金融、绿色建筑，是生态农业的知识智慧，具有独特

的内涵和特征。

(一) 生态农业绿色知识经济的内涵

新时代生态农业现代化经济体系是作为一个连续的状态而发展的，当代的社会成员作为一个整体共同拥有地球的自然资源，共同享有适宜的生存环境，这种环境符合绿色要求，符合人类的生存需要。在特定时期，当代人已是未来地球环境的管理人和委托人，同时也是世代遗留的资源和成果的受益人。这赋予了当代人发展绿色知识经济的义务，同时也给予了当代人享用地球资源与环境的权利——既要满足当代人的需要，又不对后代人满足需要的能力构成危害的发展。健康的经济发展应建立在生态可持续能力、社会公正和人民积极参与自身发展决策的基础上。它追求的目标是既要使人类的各种需要得到满足、个人得到充分发展，又要保护资源和生态环境，不对后代人的生存发展构成威胁。

从生态农业绿色知识适应性系统的视角来看，绿色知识系统都可被看作一个多层次的复杂适应性系统。首先，生态农业绿色知识系统是由多个系统组成的。例如：生态农业产业引发的绿色知识；绿色农产品引发的绿色知识；生态农业经济带引发的绿色知识；绿色食品引发的绿色知识；绿色技术引发的绿色知识；绿色流通引发的绿色知识。其次，绿色知识影响着生态农业制度的效率，影响着由制度约束的生态农业经济结构，不同绿色制度安排的效率对其他的制度有影响，不同的绿色制度交往或交易，有可能直接导致各主体受益或受损，这种受益或受损，有可能对资源配置产生影响，或者对生态农业绿色发展产生影响，对农业生态经济发展产生影响。

(二) 生态农业绿色知识经济的特征

生态农业绿色知识经济具有市场结构性特征、企业行为特征和技术性特征，以下对此做出具体分析：

1. 生态农业市场结构性特征

中国的市场化改革促进了全国统一市场的建立和逐步完善，从而促进了绿色知识经济的发展，绿色产业和绿色产品的发展，为形成市场有效竞争创造了基础性和决定性的条件。面对市场结构的变化，我国的生态农业促进绿色知识经济发展以引导生态农业绿色发展所表现出的结构性特征具体如下：

（1）生态农业绿色产业化的市场结构特性。绿色知识引导生态农业绿色产业的发展，包含特色农产品、原生态农产品，也就需要特色农产品技术知识和原生态农产品技术知识引导其发展。这类绿色产业市场化程度高、市场需求前景好，也都需要运用市场法则，遵循价值规律和市场运行规律，优胜劣汰，淘汰落后产能和落后产业。要发展具有绿色内涵的产业和产能，为产业提供绿色能源和绿色原材料，为现代产业体系形成奠定绿色原材料和能源基础。

（2）生态农业绿色农产品的市场结构特性。绿色知识引导生态农业绿色农产品发展，也就是运用绿色知识和绿色技术来改造传统农产品，改变农产品的非绿色性能，使其转变为绿色性能，从有公害农产品向有机产品转变，这些都需要运用市场的法则和手段，引进和发展绿色先进技术，采用高效绿色投入，引导高效绿色农业产业，为绿色农产品的创新提供技术基础，为绿色农业生产和绿色消费提供产品基础。

2. 生态农业企业行为特征

生态农业企业行为表现为，企业运用政策法规和市场法则发展绿色产业，而不是排挤绿色产业，我们要发展绿色产品，淘汰传统的高耗能产品，创造绿色发展的宽松环境。

（1）低价格竞争的行为。我国的农产品常常采用低价格占有市场，但都以低质量为先决条件。我们倡导的是运用市场法则，不是以低价格排挤高价格的优质农产品。这种低价格竞争策略在农产品市场的初级和中级发展阶段有很大的作用，而当市场进入高级阶段，也就是人们对绿色高质量农产品的需求欲望很强的时候，这种低价格的竞争行为就与之不相适应了。

（2）低成本策略行为。农业企业低成本包括运用廉价的劳动力、低质原材料，其结果是，低技术水平只能开发低质量和低层次的农产品，低技术构成低质量产品结构，这种结构是一种低质量技术导致的结构，从而排挤高质量产品。

（3）急功近利的短期行为。当前一些企业在开发一个绿色农产品时，往往要求一年半载就要见效，着重于短期投资；而对于周期长、长远利益大的绿色农产品开发缺乏投入，或者是缺乏技术，或者是缺乏理念，或者是缺乏长远设想。这类行为构成了生态农业绿色发展的障碍。

3. 生态农业技术性特征

生态农业产业化发展的技术性特征表现为以下两点：

（1）农业化学化转向使用农业生物制品，借助生物技术、计算机信息技术，在保护农业生态环境的原则下，减少化肥、农药、除草剂等化工制品使用量，大力发展生物性肥料、生物性农兽药、生物性生长调节剂等物制品，并采用3S技术进行精确施肥、施药。

（2）作物和畜禽品种向更优质、高产、高抗逆性、广泛适应性方向发展。以基因工程为核心的生物技术，突破了动物、植物、微生物之间的界限，改变了常规育种技术只能利用有限种内杂交的做法，大大拓宽了生物界种质优势利用的范围，导致大批转基因动植物新品种的诞生。

二、新型农业经营主体发展绿色知识经济的路径选择

（一）坚定不移地实施生态农业绿色发展转型战略

实施乡村振兴战略包括科学技术发展战略、绿色科技人才培育战略、绿色科技成果转化战略、绿色知识经济发展战略及绿色产业发展战略。我国应通过新型农业经营主体培育创新来提高全民族的文化科学知识水平，迎接绿色知识经济的挑战产业转型包括农业结构调整和生态农业产业升级。

1. 科学教育是推动传统农业由粗放型向现代农业集约型转变的重要因素

绿色新兴产业是产业发展和产业结构调整的重点，是财政增收的主体。推进深绿色新兴产业化进程、走新型工业化道路、实现由粗放型向绿色集约型转变的关键是培育绿色科技人才。

传统农业产业是我国经济结构中的主要经济存量，其升级和扩张是构建绿色产业体系的根基。要实现传统农业产业循环化、低碳化和生态化，必须牢固树立"全循环""抓高端"理念，淘汰落后产能，强化绿色科技创新，升级技术及设备，着力培育绿色创新人才，以人才创新推动生态农

业结构创新；推动装备制造扩能改造，实现装备制造的数字化、集成化、配套化转型升级，打造各类绿色加工业基地，调整污染严重的化工企业产品结构；推动生态农业绿色龙头企业向大型化、集约化和精细化发展；推动传统的纺织服装业走差别化、功能化、品牌化路子，实现产业集聚效应。

以创新型人才促进新兴产业发展，要着力改变传统产业的知识结构、智力结构、人才结构，培育产业创新人才。培育壮大战略性绿色新兴产业，全力发展以生物制造、生物医药为主的生物技术产业，以太阳能、生物质能、地热能绿色利用，风电装备及新能源汽车为主的新能源产业；着力发展以特色复合材料、新型工程材料为主的新材料产业；注重发挥热传导、碳材料等绿色先进技术优势以及风能、生物能的资源优势，加强绿色政策支持和绿色规划引导，努力打造绿色产业基地，健全绿色产业门类，实施绿色新兴产业自主培育和创新工程、突破绿色关键技术，转化绿色科技创新成果，推进绿色示范项目，培育绿色创新型龙头企业。

发展绿色产业集群是加快工业化和城镇化进程的有效策略，特别是对欠发达地区，抓好集群式产业布局的规划是形成后发优势、实现跨越发展的重要途径。这要求我们以市场为导向，以优势产业为细节，以开发绿色产业园区为主体，积极培育出具有特色的绿色主导产业和绿色支柱产业，发展壮大绿色产业集群。

2. 创新型人才是推动服务业由传统型向绿色现代型转变的关键因素

现代创新型人才不仅是生产领域的人才，还包括服务领域的人才。这要求我们改变传统服务业知识结构、智力结构、智能结构，培育创造现代服务所需的新知识、新智力、新能力及新结构。现代服务业被誉为"无烟产业"，具有资源消耗低、环境污染小、亲近自然、环境友好等特点，比较符合绿色经济发展的要求；要高度重视绿色服务业的发展，深刻把握现代绿色服务业发展的规律和趋势，较大幅度提高服务业在整个经济中的比例，着力打造现代绿色服务业区域高地，推动服务业由传统型向绿色现代型转变。

（1）改造提升生活性服务业。推动服务业专业市场集群发展，依托骨干企业及重点区域，促进商贸聚集发展，并着力培植一批全国性、区域性绿色商品集散中心、价格中心。构建先进的经营模式和管理模式，积极推广应用绿色信息技术，鼓励发展特许经营、仓储超市等现代经营方式。着力引导传统产业的提档升级，以创新的经营模式、手段为传统产业注入新的内涵，加大绿色品牌影响力。

（2）优先发展生产性绿色服务业。生产性绿色服务业主要包括金融、信息、研发、物流、商务及教育培训等方面的服务。这类服务与传统服务业相比，是一种高智力、高成长、高辐射和高就业的现代服务业，能够有效地推动经济发展模式转型，提升资源配置能力，促进产业升级。因此，实现产业转型升级必须加强环保教育，逐步普及生态环境保护知识；加强基础教育，适当开设专业教育，分级开展生态环境保护的培训，宣传绿色产业转型升级的重大意义、传播绿色产业知识，培养人们的绿色价值观，以提高资源生态效益。

（二）发展绿色知识经济需要新型农业经营主体转变思想观念

观念对行动有着极其重要的影响，所以当代表社会生产力发展方向的新生事物出现时，我们必须用心学习，转变观念，自觉接受新生事物，以适应新事物的发展。

从绿色知识经济发展合作博弈角度分析，不论是宏观层面，还是微观层面，不论是政府部门，还是企业，不论是博弈主体，还是博弈客体，都有一个转变观念的问题。我国应促进粗放的发展方式向生产的集约化、精细化发展，由过去的以外延为主的生态经济再生产转向以内涵为主的生态经济再生产，以提高对资源的利用效率和综合利用水平。其中一个重要的问题就是，当代科技进步，会不断地创造无污染的、使发展现代化生产与保护生态环境相得益彰的一体化技术。目前国内兴起的"无废料工艺""无污染工艺"，促使粗放经营的生态经济变为了集约经营的生态经济系统。而开展综合利用，实现废物资源化的过程，也就是将粗放经营的、单一利用资源的生态经济系统，转变成为集约经营的、综合利用资源的生态经济系统的过程。

（三）构建生态农业绿色发展的机制运行

1. 生态农业绿色发展的支撑保障机制的构建

实现生态农业绿色发展和乡村振兴战略，实现生态农业的持续快速发展，除了打造高效低耗的以绿色理念为指导的农业现代化产业体系，还必须建立健全实现绿色发展的法律法规依据、政策导向保证、科技创新体制和监督考核机制等支撑保障机制。

（1）构建生态农业绿色经济的长效政策机制。

我国应构建生态农业绿色经济的相关法律体系，以及相关配套法规，如全面推行生态农业生产实施纲要、生态农业绿色发展管理办法、生活饮用水源保护条例、畜禽养殖污染防治管理办法、固体废弃物管理条例等。应按照"谁开发谁保护，谁破坏谁恢复，谁受益谁补偿"的原则，建立并完善生态农业补偿机制；逐步建立反映资源稀缺程度、环境损害成本的生产要素和资源价格机制；建立生态农业国民经济核算体系；建立生态农业产能的绿色机制和环境污染责任保险制度。

（2）构建生态农业绿色科技支撑机制。

我国应构建以农业生态企业为主体的绿色技术创新体系；建设以农业生态企业为主体、以市场为导向、产学研相结合的技术创新体系，鼓励农业生态企业与高等院校和科研机构共建绿色技术中心，联合开展科技攻关和技术改造，攻克一批制约产业技术升级的重大关键技术和共性技术；完善生态农业绿色科技资源开放共享制度。绿色科技资源共享有助于科技资源配置，提高创新效率，实现可持续发展，深化科技体制改革。

（3）构建生态农业监管能力保障机制。

一是构建生态农业专家咨询绿色决策管理信息系统。在制订涉及生态农业绿色经济发展的重大决策和规划时，要确定重大生态建设和环境保护等方面的项目，要重视发挥生态农业专家咨询委员会的作用。应围绕科学技术、文化和社会发展中的全局性、长期性及综合性等问题进行战略研究和对策研究，提供生态农业科学的咨询论证意见；参与重大生态农业绿色行政决策的可行性研究和论证；负责对重大生态农业绿色行政决策的效果进行追踪和评估。

二是构建生态农业生态环境监测网络。运用遥感、地理信息系统、卫星定位系统等技术，进一步摸清生态环境基础情况，建立主要河流断面、重要水源地和重要水域的水质自动监测系统网络；建立完善生态农业生态环境预警系统和快速反应体系，对生态农业环境安全系统进行全方位的动态监测，以避免和减少各类灾害造成的损失。

2. 建设优美的生态农业自然环境

（1）加快生态农业水体环境的修复步伐。

水资源是生态农业基础性的自然资源和战略性的经济资源。从生态农业水资源管理、水资源保护和水资源优化配置等方面都要突破传统体制，积极发展节水农业灌溉，加快污水处理系统工程建设，大幅度提高城市生活污水处理能力，逐步实现河流湖泊"水清岸绿"，为生态农业绿色发展提供优良环境条件。

（2）大力开展城乡绿化。

城乡绿化是绿色经济发展和生态文明建设的重要组成部分，它既有利于改善生态环境、促进经济可持续发展和生态文明建设，又有利于自然、经济和社会的和谐发展。我国应围绕森林生态体系建设，重点实施退耕还林、生态公益林、水源涵养林、水土保护林、生态能源林、名优特新经济林、速生丰产用林等工程，加强中幼林抚育、低质低效林改造，提高林业生产力和防护效能，改善生态环境。

（3）切实抓好绿色城镇化建设。

建设绿色城镇有利于加快经济结构调整、产业布局优化和提高资源利用效率；有利于促进生产方式、生活方式和消费观念的转变；有利于提高我们的生活质量、改善我们的居住环境。因此，绿色城市建设是提高城镇综合实力和竞争力的有效途径，是促进经济社会可持续发展的必然选择。绿色生态农业城镇建设要着重从两方面下功夫：

一是坚持绿色发展观和绿色生态农业理念指导城镇规划编制，合理布局城镇功能和空间结构，从生态角度分析研究城镇各区域的最佳功能，做好城镇土地利用的生态规划。

二是坚持用绿色生态农业理念指导建筑设计，绿色生态农业建筑是指能够为人们的日常生活和工作提供健康、安全的居住环境和舒适空间，能够实现最高效率地利用能源、最低限度地影响环境的建筑。

3. 培育健康的绿色生态农业文化

（1）切实加强绿色理念教育。

中小学应积极创建绿色学校，广泛开展生态基础教育，把各种绿色知识纳入素质教育的必修课。高等院校要开设生态哲学、生态伦理和生态文明等生态环境课程，并开展生态环境实践活动。社会要开展绿色理念教育，充分利用公共媒体资源和各种社会组织资源，面向公众普及生态知识教育，提升全社会的生态文明程度。

（2）积极培育绿色文化产业。

生态文化产业的定位应是以精神产品为载体，视生态环保为最高境界，向消费者传递或传播生态的、环保的、健康的和文明的信息与意识。大力发展绿色文化产业，有利于优化经济结构和产业结构，有利于拉动居民消费结构升级，有利于扩大就业和创业。

（3）大力倡导绿色消费理念。

大力倡导绿色消费理念能够树立生态价值观，提高以健康向上、人类与自然和谐共生为目标的居民的生活质量，提高城乡的生态文明程度，为生态城镇建设提供思想保证、精神动力、智力支持和文化环境。

（四）构建绿色知识运用的特定运行通道

1. 绿色知识运用的客体属性

绿色知识运用的客体属性表现为一般规格及其弹性标准，具有独立性和特定性，以下就此展开分析：

（1）绿色知识客体的一般规格及其标准。

理论界普遍认同的是，绿色知识无论其表现形式如何发展，作为客体的绿色知识必须具备一定的规格，即绿色知识客体应当具有特定性和独立性。

绿色知识的特定性：一是指绿色知识的实现、确定和客观存在，人们只能运用实际存在的知识，不能支配想象中的知识；二是指绿色知识在存续上表现为同一性、这并非绿色知识物质意义上稳定的知识状态，而是依绿色观念或经济观念而具有的同一，依绿色生态效益具有的同一；三是指绿色知识可以定量化；四是绿色知识可以由特定的空间范围或特定的期限加以固定和运用。

绿色知识的独立性是指绿色理念认可的，得益"完整"存在的绿色客体。独立性不仅仅指绿色知识物理属性上的独立，更多的是绿色理念上的独立，还应当特别注意绿色知识运用的需求，即能单独作用于客体对象。

绿色知识规格的弹性标准。对于绿色知识的特定性和独立性的标准，应根据知识类别的不同、运用力及其内容的不同、实现绿色目的的不同而不同。应兼顾绿色公平要求，在一定程度上进行绿色弹性把握，对资源性绿色客体的特定性和独立性应有既合乎自然规律又符合知识运用力要求的弹性解释。资源性绿色客体的特定性可以解释为：其一，有明确的绿色客体范围，不得以他物替代，在绿色客体的存续上表现为同一性；其二，可以由特定的绿色地域加以确定或用特定的期限加以固定和运用。以绿色水资源为例，水具有自然流动性、不确定性和易吸收性等特点，测量和跟踪绿色水资源的特定部分非常困难。因此，水客体的特定性因个案情况会分别呈现四种形态之一：有的以一定水量界定绿色客体；有的以特定的水域面积界定绿色客体；有的以特定的地域面积界定绿色客体；有的以一定期限的水作为运用对象的客体。

资源性的绿色客体是否成为独立之物，不仅要考虑物理上的独立性、交易上的可能性，还应考虑是否符合社会发展要求、国家战略利益、国计民生的需要。例如，矿产资源的开发利用，是否考虑保护生态环境、提高矿产资源生态价值的需要。

（2）绿色知识运用的特定性和独立性。

绿色知识的运用和绿色技术的创新有其特定性和独立性。绿色知识的运用有益于生态效益的提升。例如，对大气中二氧化碳和二氧化硫的"固化"与"清除"，就是绿色技术运用的结果。由于自然条件和生产活动的影响，碳减排量具有期限性、变动性和不确定性的特点，不可能表现出如同有形物一样的特定性与独立性。但仍然可以用技术的手段，使之满足特定性和独立性的要求，以实现碳减排的目标，体现绿色知识的运用。

2. 绿色知识运用的条件设定

绿色知识运用的条件设定十分丰富，包括资源的法律设定、产权设定、价值形态设定、效益形态设定、地域性设定、整体性设定等。这类设定为开拓绿色知识运用通道提供了价值基础和条件。

（1）绿色资源的稀缺条件设定。

绿色知识的运用受资源的稀缺条件限定，绿色资源的稀缺既不是指这种绿色资源是不可再生的或可以耗尽的，又与这种绿色资源的绝对量无关，而是在给定的时期内，与需要相比较，其供给量是相对不足的。这种供给量的不足使绿色知识的运用和生态价值的发挥受到了很大的限制。

（2）生态价值性条件设定。

生态价值主要体现在自然资源的价值及自然资源开发利用的价值。自然资源的价值取决于自然资源对人类的有用性、稀缺性和开发利用条件等因素，通过绿色知识的运用和绿色技术创新，通过碳减排量，能够起到抵消相应温室气体排放的作用。因此，绿色知识的运用和绿色技术创新后的碳减排量具有经济价值和生态价值双重属性。

（3）绿色知识运用的地域性条件设定。

一个绿色项目的实施、一个绿色方案的执行都会受到地域条件的限制。例如，碳减排量的形成与森林资源保护及森林的自然生长等因素密切相关，而自然气候条件和地理条件的差异直接决定了碳减排量生成的程度。从技术角度出发，碳储量的估算都是在国家和地区的尺度上，碳计量所需的植被生物量也是建立在特定地区的尺度上。因此，绿色知识的运用和绿色技术创新受到了区域条件的限定。

3. 开辟绿色知识运用的通道

（1）现代产业体系的构成及其绿色通道。

一是以现代化为特征的农业。从传统农业向现代农业转化的过程中，现代工业、现代科学技术和现代经济管理方法的运用使农业生产力由落后的传统农业日益转化为当代世界先进水平的农业，这种农业被称为现代化的农业，或者绿色的现代农业。

二是以信息化为特征的工业。我国在工业化的进程中，实现了经济结构优化升级，实现了产能的绿色化。实践证明，以信息化带动工业化是绿色知识和绿色技术创新的一条重要渠道，是一个极其重要的绿色载体。

三是突出发展服务业。产业结构从以农业为主的阶段过渡到以工业为主的阶段，再进入以服务业为主的阶段，是人类社会发展的必然规律——不管是发达国家还是发展中国家都不可能违背这一客观规律。目前，我国处于工业化中后期，全球工业化的进程和产业格局变迁的规律深刻表明，工业化中后期的服务业迅速发展，现代经济增长中效率提高的一个重要源泉是服务业的发展。服务业，尤其是绿色服务业对国民经济的结构调整、经济发展成本的降低，特别是交易成本的降低具有极其重要的作用。我国经济在发展的过程中要运用现代经营方式和绿色服务技术对传统服务业进行改造，加快生产性服务业与制造业的融合，大力发展信息服务、金融保险、资讯等现代服务业，不断提高服务业的绿色技术创新水平和绿色制度创新水平，使服务业上升至国民经济中的主导地位。

（2）绿色产业体系是绿色知识运用的重要载体。

绿色产业体系包括现代绿色制造业、现代绿色信息产业、现代绿色服务业、现代绿色产品加工业、现代绿色技术污水处理业、现代新能源产业等。这些共同构成绿色产业体系，是绿色知识运用的重要载体，也是绿色技术创新运用的重要渠道。在整个国民经济结构中，绿色产业的地位极其重要，它不仅是优化生存环境、规范经济发展的重要保障，也是全球化时代人类文明健康发展的必然要求。

（3）政策导向是绿色知识运用渠道实现的重要保障。

绿色产业体系的构建，需要有制度创新、技术创新支撑，更需要政策导向保障机制。其内容包括绿色产业发展规划纲要、实现目标，实施的产业扶持政策、财政扶持政策、税收扶持政策、价格扶持政策等，以及与之相适应的发展方式、增长方式，实现目标的行政管理手段、法制手段、市场运作方式，这些构成了绿色产业发展的政策体系和制度体系。

政策引导绿色发展战略就是自觉按照保护环境和合理利用自然资源的要求以开发、设计、加工和销售绿色产品为中心的经营战略，绿色经营战略的提出顺应了人的本质和时代发展的要求，政策引导绿色发展战略就是在科学技术高速发展、人们的物质需要在数量上得到较大满足的情况下，从质量上适应经济发展的需要。政策引导绿色发展战略就是政策适应绿色发展和资源生态效益的要求。由于经济的高速发展，环境遭受了严重破坏，资源过度消耗，人类正面临环境的严峻挑战。这迫使人们不得不选择绿色发展战略，政策不得不引导绿色经济发展。近年来，世界经济已产生了绿色观念，政策引导"绿色技术""绿色市场""绿色标志""绿色产业""绿色产品"等众多概念的产生和发展。绿色经济的理念和发展是对经济的转型和挑战，更是对企业界的有力冲击，它将成为企业进入生态文明的通行证，它决定着企业的发展方向和前途。

第三节　绿色生态农业发展的时代意蕴与实现方略

一、生态农业实践推动探究方面

如今，无论是发展中国家还是发达国家，生态农业都受到学界的广泛关注。建设生态农业实际上是实行农业经营思想和生产方式的革命，要求农业从掠夺性经营思想和经营方式中解脱出来，从小农业思想的束缚中解脱出来，由掠夺资源转为培育资源，按自然生态规律发展农业和农村经济，做到农业生产的良性循环与可持续发展。生态农业是中国农业未来发展的根本方向，但中国农业地域的自然经济条件的差异决定了在不同地域要培育不同多样的生态农业发展模式。实践证明，生态农业的发展核心为基础模式建设，要促进生态农业持续发展，有可供持续发展的路径模式，需要根据不同区域的资源禀赋条件，结合生态、经济、社会三方效益最佳统一的目标，组合优化选择较为适宜的生态农业发展模式，推进生态农业建设效益的提高与显现。

二、生态农业发展模式研究方面

生态农业发展模式是生态农业理论与生态农业实践完美融合与改进的结果，探究的内容主要涵盖生态农业模式的产生背景、资源禀赋、发展模式、驱动机制及发展前景与对策等。如何结合循环经济的思路，发展中国生态农业产业经济，已经成为中国生态农业发展的重要时代任务。与传统农业发展模式相比，生态农业发展模式对农业与环境、资源的协调性和可持续性等方面更为关注。中国应结合特定地域的农业资源的基本状况，着重推进城镇近郊多功能都市生态农业模式、规模化多功能生态农业模式、农业多功能生态农业模式三大多功能生态农业模式。

三、生态农业产业化研究方面

农业生产发展需遵循经济规律和生态规律的统一原则。生态农业产业化是生态农业发展的新阶段，许多地区依靠当地优势资源走出了具有地方特色的生态农业产业化道路。中国应积极推进生态农业产业化，发展多生产类型、多模式经营、多层次发展的农业经济结构，引导集约化生产和适度规模经营，优化农业和农村经济结构。生态农业追求高产优质、高效低耗的无污染农业产品，发展生态农业要把生态农业的无污染绿色产品的优势转变为产业优势和经济优势，要按不同的农业产品实行贸工农一体化、产加销一条龙经营，把传统低效农业生产推向农业产业化。产业化是解决农业生产规模小与提高农业劳动生产率矛盾的必然选择。推进生态农业产业化，需克服小农经营障碍，杜绝照搬欧美模式，完善农村金融体系，加大科研投入力度和加速西部生态农业产业化发展。

四、生态农业发展采用技术研究方面

技术是模式实施的基础，技术的水平和可行性是生态农业能否成功的基本保障。纵观中国多年来生态农业的发展实践，生态农业发展采用的技术主要有结构调整与优化技术、流域综合治理技术、生态工程技术、沼气生产及其残余物的综合利用技术、污水处理技术、水土资源高效节约利用技术、绿色农产品生产技术等。生态农业与传统农业的不同就在于它以现代科技为基础，因此实现生态农业产业化，必须加大科技投入，完善现代化管理。我国应以整体协调、科学先进、勇于创新、规范可行的原则，以产业化创新发展为核心，分层次、有步骤地实施技术升级战略、政策保障战略与区域推进战略，并结合科技、政策、管理、社会参与等机制创新，实现农业节本增效和资源环境安全的双赢目标。

五、生态农业发展组织制度研究方面

生态农业的制度建设是构建中国绿色发展体制机制的重要方面，中国的生态农业发展应强调建立健全发展生态农业的保障制度，以促进中国生态农业健康、快速高效地发展。

六、启示与建议

（一）通过中国生态农业发展理论探究得到的启示

以聚焦一个具体的区域，构建该地区全产业生态农业的产业系统、技术系统、管理系统、政策系统为归属，理顺全产业生态农业发展逻辑，促进农业产业生态化、生态农业产业化。研究一个地区全产业生态农业的生产结构，融合生产要素，延伸产业链，优化该地区全产业生态农业的经营模式，提高该地区生态农业生产专业化、服务社会化和竞争市场化水平，构建该地区全产业生态农业的产业系统；分析影响一个地区全产业生态农业发展的关键因素，将现代科学技术合理引入该地区生态农业产业，构建该地区全产业生态农业的技术系统；在组织制度创新与完善中壮大农户经济，提高该地区农业生态效益、经济效益和社会效益，构建该地区全产业生态农业的管理系统；通过制度供给分析与发展实践剖析，构建和完善该地区全产业生态农业的政策系统，服务该地区全产业生态农业发展实践，坚持绿色发展、生态优先，助力乡村振兴的实现。

（二）中国生态农业发展的建议

生态农业是我国实现农业现代化和农业可持续发展双重目标的战略抉择，融合先进的生态农业技术系统，优化生态农业产业系统，构建生态农业管理系统，完善生态农业政策系统，实现全产业生态农业发展，助力乡村振兴和农业现代化的实现具有重要的理论意义和现实意义。

第一，构建全产业生态农业发展的产业系统。要以市场为导向，以特定区域特色农业资源为禀赋，发挥优势，规避劣势，错位竞争，促进农业供给侧结构性改革，实现农产品生产多层次多样式的良性循环发展。结合一个地区，立足生态产业化、产业生态化理念，对生态农业第一产业、第二产业、第三产业等全产业链环节进行探索实践，促进生态农业产业融合共生发展，寻找小农户与大市场相衔接的适合该地区全产业生态农业发展的模式，构建产业系统。建立"既有绿水青山，也有金山银山""绿水青山就是金山银山"的有机运转的生态农业产业体系，实现生态农业全产业有机协同发展。将全产业生态农业发展贯彻到农业强、农民富、农村美的发展全过程，为乡村振兴建立一道发展的绿色屏障。

第二，构建全产业生态农业发展的技术系统。紧跟"绿色发展、生态优先""打造长江经济带绿色产业带""保护生态环境就是保护生产力""良好生态环境是最公平的公共产品，是最普惠的民生福祉"等生态发展导向，坚持政府底线管理，避免公害增加性技术使用，增加现代生态农业技术的投入，降低无公害化成本，优化农业生产自然循环过程，最大化利用农业生产物质能量。确立全新的农业技术进步模式，以现代全产业生态农业理念统领分散的绿色农业发展政策，构建与发展模式匹配的全产业生态农业技术体系，以及符合市场经济需要的科技推广和科技服务体系，形成完善的生态农业发展技术供应机制，为乡村振兴、农业现代化的实现提供技术保障。

第三，构建全产业生态农业发展的管理系统。积极将绿色发展理念转化为脚踏实地的行动，让"绿水青山就是金山银山"的理念完美融合在农业产业发展中。创新全产业生态农业可持续发展的经营管理理念与管理方式，加快转变政府"唯GDP论"的思想，完善经济社会发展考核评价体系，把环境损害、资源消耗、生态效益等指标纳入农业发展评价体系中。调整优化农业产业结构，推动农业发展由数量增长为主向数量质量效益并重转变，创新政府在生态农业发展中的管理运行模式，实现政府管理运行模式对农业产业生态化的保障和促进。在绿色发展理念的引领下，让"绿水青山""金山银山""看得见山水，记得起乡愁"的美好画卷呈现在每个老百姓的眼前。

第四，构建全产业生态农业发展的政策系统。正确认识和处理发展与生态环境保护的关系，自觉构建生态发展的体制机制，实现农业产业发展和生态环境保护协同推进，让良好生态环境成为最普惠的民生福祉。通过政策支持，引导真正经营农业产业的龙头企业、农业职业经理人、中间组织等生产主体、经营主体、服务主体参与到全产业生态农业发展中，以龙头带基地、基地联农户、中间组织供服务、职业经理人管产业的组织生产方式推动全产业生态化发展。推进生态农业规模经营，解决目前单个小农户在生产、经营中遇到的与大市场不匹配、不协调、不对称的矛盾，避免信息鸿沟，降低生产、经营成本。构建和完善生态农业补偿体系，完善全产业生态农业发展体制机制，跟进完善全产业生产技术支持办法、土地扭转办法、经营组织政策，改善全产业生态农业环境，提供与全产业生态农业发展相匹配的政策系统。

中国发展生态农业是农业产业发展的一次革命，是实现农业产业转方式、调结构的供给侧结构性改革路径模式。中国发展生态农业更是顺应"绿色发展、生态优先""共抓大保护、不搞大开发""绿水青山就是金山银山"等绿色发展理念的需要，是助力乡村振兴、实现农业现代化的必然选择。中国生态农业的发展具有时代性、理论性、实践性和重大国际意义，对世界农业的产业结构调整、转型升级发展也会产生深远影响。

参考文献

[1] 刘祖文，杨士，蔺亚青．离子型稀土矿区土壤重金属铅污染特性及修复［M］．北京：冶金工业出版社，2020．

[2] 乔冬梅，陆红飞，齐学斌．重金属镉污染土壤植物修复技术研究［M］．北京：中国农业科学技术出版社，2020．

[3] 蒋建国，高语晨．钒及伴生重金属污染土壤修复技术［M］．中国环境出版集团，2019．

[4] 林立金，廖明安．果园土壤重金属镉污染与植物修复［M］．成都：四川大学出版社，2019．

[5] 马占强，李娟．土壤重金属污染与植物微生物联合修复技术研究［M］．北京：中国水利水电出版社，2019．

[6] 宋立杰，安淼，林永江．农用地污染土壤修复技术［M］．北京：冶金工业出版社，2019．

[7] 吴发超，马登军．重金属污染及其控制研究［M］．徐州：中国矿业大学出版社，2019．

[8] 敖和军．重金属污染土壤的农作物修复研究［M］．长春：吉林大学出版社，2018．

[9] 盛姣，耿春香，刘义国．土壤生态环境分析与农业种植研究［M］．西安：世界图书出版西安有限公司，2018．

[10] 王婷．重金属污染土壤的修复途径探讨［M］．北京：化学工业出版社，2017．

[11] 亓琳．重金属污染土壤生物修复技术［M］．北京：中国水利水电出版社，2017．

[12] 翁伯琦．现代生态农业发展理论与应用技术［M］．福州：福建科学技术出版社，2020．

[13] 陈云霞，何亚洲，胡立勇．生态循环农业绿色种养模式与技术［M］．北京：中国农业科学技术出版社，2020．

[14] 张燕．生态农业视域下新型职业农民培育研究［M］．北京：中

国纺织出版社，2019.

　　[15] 陈阜，隋鹏. 农业生态学（第3版）[M]. 北京：中国农业大学出版社，2019.

　　[16] 陈光辉，季昆森，朱立志. 多维生态农业（第2版）[M]. 北京：中国农业科学技术出版社，2019.

　　[17] 邢旭英，李晓清，冯春营. 农林资源经济与生态农业建设 [M]. 北京：经济日报出版社，2019.

　　[18] 陈义，沈志河，白婧婧. 现代生态农业绿色种养实用技术 [M]. 北京：中国农业科学技术出版社，2019.

　　[19] 宋希娟. 生态农业的技术与模式 [M]. 延吉：延边大学出版社，2018.

　　[20] 王飞，石祖梁，李想. 生态农业模式探索与实践 [M]. 北京：中国农业出版社，2018.

　　[21] 王凡. 生态农业绿色发展研究 [M]. 北京：社会科学文献出版社，2018.

　　[22] 李大红，蒋炳伸，孔少华. 现代生态农业技术研究 [M]. 北京：现代出版社，2018.

　　[23] 胡剑锋. 高效生态农业简明读本 [M]. 杭州：浙江教育出版社，2018.

　　[24] 汪艳阳，莫建军，李文宝. 生态农业产业化模式与效益研究 [M]. 咸阳：西北农林科技大学出版社，2018.

　　[25] 李宁. 新常态下生态农业与农业经济可持续发展研究 [M]. 延吉：延边大学出版社，2018.

　　[26] 张原天. 农业生态原理学 [M]. 哈尔滨：黑龙江教育出版社，2018.

　　[27] 李道亮. 农业科技与生态养殖 [M]. 北京：现代出版社，2018.

　　[28] 王佐铭. 现代生态与设施农业 [M]. 延吉：延边大学出版社，2018.

　　[29] 李文荣. 农业生态价值研究 [M]. 长春：吉林大学出版社，2018.

　　[30] 张忠峰. 现代生态与设施农业 [M]. 天津：天津科学技术出版社，2018.

［31］苏百义. 农业生态文明论［M］. 北京：中国农业科学技术出版社，2018.

［32］李向东. 农业科技助力生态循环农业［M］. 北京：现代出版社，2018.

［33］任欢鱼. 重金属污染土壤修复技术探讨［J］. 科学大众，2021（2）：213－214.

［34］胡沛. 重金属污染土壤修复技术及修复的探讨［J］. 善天下，2021（16）：871－872.

［35］刘鹏. 重金属污染土壤修复技术及其修复实践探究［J］. 缔客世界，2021（8）：218.

［36］王乐杭，俞栋. 重金属污染土壤修复技术及其修复实践［J］. 资源节约与环保，2021（4）：46－47.

［37］赵凤莲. 重金属污染土壤修复技术研究的现状与展望［J］. 建筑工程技术与设计，2021（3）：1851.

［38］薛琦. 重金属污染土壤修复技术及其修复实践［J］. 当代化工研究，2021（23）：98－100.

［39］王兴福. 重金属污染土壤修复技术及其修复实践探讨［J］. 农家科技（上旬刊），2021（7）：259.

［40］方伟才. 重金属污染土壤修复技术与发展趋势［J］. 石油石化物资采购，2021（33）：113－115.

［41］崔小爱，张楠楠. 重金属污染土壤修复的二次污染及防治分析［J］. 皮革制作与环保科技，2021（3）：113－115.

［42］李芙荣. 重金属污染土壤修复技术研究综述［J］. 清洗世界，2021（1）：125－126.

［43］于景宾. 重金属污染土壤修复技术及工程应用研究［J］. 建筑工程技术与设计，2021（17）：288.

［44］闫晗，段腾腾. 重金属污染土壤修复技术研究的现状与展望［J］. 魅力中国，2021（3）：429.

［45］孙红松. 重金属污染土壤修复与管理研究［J］. 节能与环保，2020（3）：68－70.

［46］杨灿. 重金属污染土壤的修复技术［J］. 科学技术创新，2020（2）：13－14.

［47］潘少伟. 重金属污染土壤修复技术及其修复实践［J］. 资源节

约与环保，2020（7）：44.

[48] 王华利. 重金属污染土壤修复技术及工程应用分析 [J]. 安防科技，2020（26）：156.

[49] Effect and Correction of Iron in Soil on Accuracy of Chromium Determination by Portable X-ray Fluorescence Spectrometry [J]. Rock & Mineral Analysis. 2020，Vol. 39（No. 3）：467-474.

[50] 卢楠，唐宏军. Bibliometric Analysis of the Research Status and Hot Spots of Soil Heavy Metal Pollution Remediation Technology [J]. Sustainable Development. 2020，Vol. 10（No. 4）：602-609.

[51] 邓富玲，徐艳. Discussion on Microbial Remediation Technology of Heavy Metal Pollution in Soil [J]. Hans Journal of Soil Science. 2020，Vol. 8（No. 2）：112-117.

[52] 唐婷，陶发清. Reform of Biochemistry Course Based on the Professional Accreditation of Teacher Education [J]. Advances in Social Sciences. 2020，Vol. 9（No. 3）：289-293.

[53] 姚忱. 重金属污染土壤修复技术与实践初探 [J]. 中小企业管理与科技，2020（4）：172-173.

[54] 陈阳波. 重金属污染土壤修复技术及其修复实践探索 [J]. 包装世界，2020（8）：49-50.

[55] 汪滔. 重金属污染土壤修复技术及其研究进展 [J]. 区域治理，2020（30）：42.

[56] 胡沛. 重金属污染土壤修复技术及修复的探讨 [J]. 善天下，2020（16）：871-872.

[57] 陈文亮. 重金属污染土壤修复技术研究进展 [J]. 世界有色金属，2020（6）：178-180.

[58] 曾红根. 绿色植保助力生态农业健康发展 [J]. 现代园艺，2021（11）：84-85.

[59] 吴伯特. 绿色发展理念下生态农业与农业经济协调发展 [J]. 包装世界，2021（7）：11，13.

[60] 朱亚男. 新时期绿色生态农业发展及技术措施 [J]. 江西农业，2021（20）：67-68.

[61] 胡珍珠，洪利江. 试论绿色发展下农业生态环境治理的路径 [J]. 广东蚕业，2021（4）：47-48.

［62］陆智彬. 绿色发展下农业生态环境治理的路径研究［J］. 大科技，2021（44）：104－105.

［63］李爱国，相慧，曹阳. 探讨绿色防控助力生态农业高质量发展［J］. 百科论坛电子杂志，2021（8）：222.

［64］宋宝安. 绿色防控助力生态农业高质量发展［J］. 农化市场十日讯，2021（4）：1.